改变自己

要使人成为真正有教养的人，必须具备三个品质：
渊博的知识，思维的习惯和高尚的情操。
知识不多，就是愚昧；
不习惯于思维，就是粗鲁和蠢笨；
没有高尚的情操，就是卑俗。
——（俄）车尼尔雪夫斯基

沛霖·泓露 著

中国商业出版社

图书在版编目（CIP）数据

改变自己 / 沛霖·泓露著. -- 北京 : 中国商业出版社, 2017.6

ISBN 978-7-5044-9775-8

Ⅰ. ①改… Ⅱ. ①沛… Ⅲ. ①成功心理－通俗读物 Ⅳ. ①B848.4-49

中国版本图书馆CIP数据核字(2017)第064269号

责任编辑：姜丽君

中国商业出版社出版发行

010-63180647　　www.c_cbook.com

(100053　北京广安门内报国寺1号)

新华书店经销

永清县晔盛亚胶印有限公司

*

720×1000毫米　16开　16印张　200千字

2017年6月第1版　2017年6月第1次印刷

定价：38.00元

* * * *

(本书若有印装质量问题，请与发行部联系调换)

前　言

优秀并不是天生就具备着与众不同的品质，每一个优秀者在优秀之前，他们和普通人一样有很多缺点和不足，只是，他们的不同在于他们能从周围的环境以及实事发展的本身认知和探索，他们能在别人认为平凡的、没有意义的事物中探寻出自己做人、做事的原则。

之所以提笔写这本书，正是想要告诉奋斗在职场中的人们，优秀是必须通过自己的努力来实现的，工作的幸福感也只有在经过了艰辛的付出后才能回味无穷。然而，“努力”是一个过程，不要妄想着仅仅是通过想象就能改变自己的职业状态，是否有“意识”是一个普通员工能否成为优秀者的最基本条件，或者我姑且用“悟性”来阐释这种观点。

一个人在职场饱尝过种种失败或失意之后，依然对自己的失意没有一点“悟性”，不知道自己不能得意于职场是因为不能适时地改变自己的缺点，不知道可以做错一次，但不能一而再，再而三地错下去，一度把自己的缺点放大再放大，最后完全麻木，不论在什么场合，这样没有“悟性”的人永远不会有所成就。

所以，我想到了要以第一人称的方式叙述，从入职时到我慢慢改变成为一个优秀员工，这个时段里的工作状态和感想，这期间，我受过表扬，也遇到过困难和失意，而且还做错过事情，但是，我迅速地从发生在自己或他人身上的事情中发现了自己的优缺点和职场中应该遵循的法则，这是一个“努力”的过程，也就是一个职业人从平凡到优秀的蜕变。

人们常说：过分的谦虚等于骄傲和虚伪。

我之所以说自己还不够好，并无谦虚之意，也就更谈不上虚伪、造作。因为我知道如果想不断进步，就应该给自己一个准确的定位。尽管这一段时间，我在公司确实取得了一些成绩，我不否认这些成绩都源于我的努力。可是，最了解自己的人还是自己，我知道我还不够好，得到别人的承认并不难，难的是能得到别人长期的承认，更难的是得到自己的承认。

我自始至终没有从心里承认自己。产生这种心理的原因是多方面的。

首先，我认识到我现在的能力还远远不能实现自己所定下的目标。一开始，我就知道“要懂得欣赏别人”，我看到其他人身上有很多优点都是我应该学习的。“山外有山，人外有人”，我得到公司的承认是比较而言，正因为有比较，我知道自己不足的地方还很多。

我经常这样和自己说：“不要以为自己比别人高明，其实，真正高明的人是不显山露水的人。”

每一个时期，都有值得学习的人。古人常说：“活到老，学到老。”能力也一样，没有最好，只有更好。数学里无穷大的概念就能诠释人不断追求更好的原因，因为有着无穷多的知识值得自己去学习。

其次，承认自己的人就是自以为是的人。有时候，看着一些自以为是的人为了自己的一点成绩洋洋得意的时候，作为一个旁观者，我不认为这是可取的。

当然了，自信是有的。我有信心接受一次又一次的挑战。

不论是生活还是工作，我还会遇到很多困难，有的困难是可以预见的，而有的困难根本想象不出来。没有一个坚定、自信的心态，怎么能够应对一系列已知和未知的困难。

冷静地想想我这段时间在公司的工作态度，从面试到接受公司派遣独立处理工作，每一天的心情，都被我一一记录了下来。我看到自己走过的每一天留下的足迹，有新奇、有努力、有困惑、有胆怯，一切都历历在目，感谢这些文字让我看到了自己奋斗的过程和成长的心情。可以这样说，我升迁了，因为在我看来，每一个心情的收获都有利于我的成长，这种收获就是升迁。想到自己有时想偷懒，试图疏远记工作日志这种做法是多么不应该，因为这是一个平台，我能在这里抒发工作感想，也能在这里冷静地面对自己，它让我得到了宁静，也让我更加了解自己。我一定要坚持下去，就像是坚持努力工作一样。

那么，从现在开始，我又应该梳理一下我的心情，正像刚进公司时上的第一课一样，让自己从零开始。不论我是否获得过成绩，不论我是否因为做错事而懊恼，这一切，已经积累到职业生涯的第一页里，可是，紧接着的一页是空白的，我一样要用自己的努力去书写。我确信，下一个篇章将会更加精彩！

目　录

第一章　改变心态

第一节　健康的心理

健康的心理是什么？是积极、豁达、坦然、宽容、乐观；是淡泊明志，宁静致远。

第二节　高调做事，低调做人

做人和做事的方式和重点是不尽相同的，做人提倡的是不拘小节、不过于斤斤计较，但是，做事就不同，工作的每一个细节都不能被忽视，正所谓“失之毫厘，谬以千里”。做人方面，我要洒脱、慷慨大方；做事方面，我要谨慎、仔细。

第三节　真实地面对过失

做错事后，有些慌乱和不知所措，脑子里首先想到了没有办好任务的原因，可是，转念一想，错就是错，我不能养成找借口的坏毛病，面对失败，不找任何借口。

第二章　改变习惯

第一节　掌握主动

既然我们的人生被很多被动而来的事物所困扰，就不要轻易放弃摆在自己面前的可以掌握的主动，为什么不抓住可以抓住的机会，把更多的主动权拽在自己手里，因为率先主动这种素养能让我们快速成长。

第二节 懂得负责

责任心是工作中不可缺失的职业道德。缺失了责任心，也就谈不上稳定、发展和进步。将责任心根植于内心的人无疑是优秀的。

第三节 服从上司

以道德底线为标准，服从自己的上司，这代表着认同并欣赏上司。

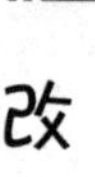

第三章　改变观念

第一节　视工作为天职

工作是都不能逃避的一种个人责任和社会责任，它是天职，不能转嫁，也不能推卸。我们唯一能做的就是以最神圣的态度来对待它，让钢铁一般的信念支撑着自己不断向前。

第二节　不要单兵作战

在工作中学会与同事有效的协作，它贯穿在社会劳动中的每一个行业，当人们为了同一个目的走到一起时，就意味着团队中的所有人都有一个共同的敌人，大家应该齐心协力去应对工作中的每一个困难。如果崇尚个人英雄主义的单兵作战，将会失去别人强有力的帮助，并且失去几分获取胜利的契机。

第三节 向优秀者学习

上司能成为领导必然有他的出众之处，要学会欣赏优秀者，并以他为榜样，这是一种快速取得进步的最好方式。

第四章 改变思路

第一节 学会变通

诚实、守信是做人的根本，但不能因此而刻板，不会变通，这样的人使得他人感到反感。要有灵性，这个很重要。

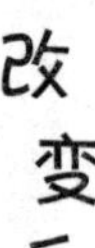

第二节　塑造个性

也许有人认为感恩和宽容并非个性，而是软弱和妥协，但我坚定地认为，我喜欢走自己的路，但不自私，而且还懂得让步。

第五章　改变态度

第一节　热爱你的职业

如果不去热爱自己的职业，怎么能够对工作投入极大的热情。没有热情的工作态度只会让人乏力，只会让人丧失斗志，当然也丧失灵感。

第二节 面对困难，选择坚强

挑战如果不严峻，就不能使人进步。所以，我不能排斥工作中的每一个困难，只要坚持、坚强，我相信一定会渡过每一个难关。

第三节 态度决定一切

我喜欢安逸，但生命却不容许我无休止地享受安逸而不付出汗水。作为员工，敬业是一种基本的职业道德。尽管执行过程中充满了艰辛，但我必须这样做。

第六章　改变方法

第一节　一切从零开始

陌生的的环境，包括老板、同事和工作事务；熟悉的是自己做事情的那种一如既往的态度和热情。我暗自对自己说：把这里视为自己事业的起点，一切从零开始。

第二节　勤奋付出

主宰自己命运的方式就是让自己再勤奋些，我将牢记住：勤能补拙是良训。

第三节 找准方向

我们的生活就像旅行，思想是导游者；没有导游者，一切都会停止。目标丧失，力量也会化为乌有。

第七章 改变自己

第一节 相信自己

置身于比自己更加出色的人群中，心中总会闪现一丝奇怪的情绪，我知道这是自己的虚荣心在作怪，但是，很快地，我冷静地抑制住了稍有的嫉妒，因为嫉妒是魔鬼，它是毁灭心灵的毒药，更是打击自信的榔头。

第二节 我一定行

困难有时候并没有想象中那么可怕，胆怯了，不要紧，但一定要说服自己尝试一下，大不了就是失败而已，打倒了再起来。

第一章
改变心态

第一节　健康的心理

健康的心理是什么？是积极、豁达、坦然、宽容、乐观；是淡泊明志，宁静致远。

少一分抱怨，就多一分幸福

我非常赞同美国作家海伦说的那句话：“抱怨会使心灵阴暗，爱和愉悦则使人生明朗开阔。”

怎么不是这样，环顾周围，那些喜欢抱怨的人看起来是那么忧郁、悲伤，甚至脸上显现出阴暗的色调。他们看起来是不幸的，因为他们不懂得保护自己的心灵，他们不懂得让自己保持健康的心灵。而那些充满阳光气息的人，那些宁静、优雅的人，不论身处何地，他们浑身都充满了快乐，自己快乐，也带给他人快乐。

在我的印象中，假如一个人被称为“怨妇”，那这个人的脸上必然没有阳光，没有笑脸，没有幸福。原因很简单，这样的人总是抱怨命运的不公、生活的不公。他们总是在抱怨为何别人不能对他们更好，他们对他人要求太高，总想着从他人那里得到更多的收获。可是，有句话虽俗，但却是真言：“人心不足。”怎么不是这样，所以，停止抱怨上天、停止抱怨命运、停止抱怨他人，反之以美好的、积极的、知足的心灵去看待万事万物，这样才能收获到快乐。

听说在很早以前，有两兄弟想要在茫茫的大海中找栖息之地，他们好不容易找到一个小岛，可是小岛上并无人烟，而且虫蛇遍地，可以说处处都潜伏着危机，环境非常恶劣。

兄长看着这个小岛，眼中出现了生机，他说：“我决定留在这里。这里看起来环境恶劣，但我能把它开发成一个美丽、富饶的岛国。”

然而，兄弟却并不认同他的看法。弟弟说：“天哪！这是什么地方，我好不容易才找到这么一个地方，但上天却把它打造成这幅模样。你看看，杂草丛生、没有房子可以居住，而且还充满了威胁。难道命运就是如此对我么？我吃尽了苦头，才来到这里，却得到这样的结果。”尽管兄长希望两兄弟能在一起，可是，兄弟决定继续漂泊，他想继续寻找梦中的花园。

兄弟又在海上漂泊了几天，这一次，他终于找到一个充满了生机的小岛。小岛上，鲜花、绿树整整齐齐，还有漂亮的房子。只是，小岛已经有了主人，他们是18世纪海盗的后裔，已经在岛上居住了很久，正是他们把小岛开发得如此富有生气。看着这样一个鲜花浪漫的小岛，弟弟满心欢喜，他决定留下来。经过他的恳求，主人收留了他。

这样过去了几十年，兄弟俩都已经步入了老年，他们的头发已经花白。可是，自从那一次分别后，他们一直没有见过面。一次偶然的机会，兄弟决定去探望兄长。凭着记忆中的印象，他找到了兄长居住的那个小岛。可是，岛上的一切让他吃惊，眼前有高大的屋舍、整齐的田畴、健壮的青年、活泼的孩子……这一切看起来是那么美好，那么不可思议。兄弟开始怀疑自己是否记错了地方。这时，在屋舍前修剪花草的兄长看见了来人，两人四目相对，都认出了彼此，奇怪的是，兄长虽然比兄弟大几岁，但比兄弟精神和阳光，举手投足间洋溢出幸福。

兄长看见兄弟远道而来，自然是欢欣雀跃。他对兄弟讲述了自己开发小岛的过程。当神采奕奕的兄长高兴地看着自己建造的房屋时，兄弟还和当年一样的心情。不过，这一次，他不是抱怨命运的不公，他抱怨兄长当初为什么不竭力阻止他留下。兄弟还说："要是我也在这里，肯定会把这里建设得更好。"

其实，当初是他自己执意要走，兄长哪里劝得住他。现在可好，他居然没有丝毫愧疚地把自己的不幸福推到兄长的身上。

确实是这样，要想有一个健康的心灵，就不能处处都在抱怨。因为抱怨不能帮助自己得到幸福，相反，只会让自己的心灵变得更加阴暗。尽管我是一个刚踏进职场不久的年轻人，但是，我可不能养成抱怨这种坏习惯，经常抱怨公司对自己有失偏颇，抱怨同事对自己不好，抱怨命运对自己不公，长此以往，心灵就会变得阴暗。当我写下这篇日志时，心中的信念更加坚定，不论何时，我都要提醒自己，只有少一分抱怨，才能多一分幸福。

清除浮躁

禅院里，住着一个老和尚和一个小和尚。这是一个僻静之地，常年都没有外人来扰，师徒两人也难得清静。

炎热的三伏天把禅院的草地烤黄了一大片。小和尚看到枯黄的草地，焦急地说："师傅，师傅，快在这里撒些草籽，半青半黄的草地多难看呀。"

老和尚扫了一眼草地，朝小和尚挥挥手："随时。"

中秋到了，老和尚知道该到了撒草籽的时候，拿出一包草籽让小和尚去撒籽。不料，一阵秋风吹过，小和尚手中的草籽四处飘洒。小和尚慌忙看着师傅："不好了，许多草籽都被秋风吹散了。"

"没关系，被吹走的草籽大多中空，即使落下也不会发芽。"老和尚望向天空，说："随性。"

小和尚刚把剩下的草籽撒完，几只小鸟落地啄食，小和尚又着急了。

"没关系，草籽本来就多准备了，吃不完，"老和尚继续翻着经书，"随遇。"

半夜，雷声大作，猛地下了一场大雨。小和尚冲进禅房对师傅说："这下完了，草籽被冲走了。"

"冲到哪，就在哪里发芽，"打坐的老和尚说："随缘。"

不久，禅院里长出了青草，绿油油的泛起在禅院的每一个角落，绿意使得禅院增添了几分生机。小和尚高兴得合不拢嘴，老和尚站在禅房前，说："随喜。"

我第一次听这个故事时，只是随耳一听，并没有多想。今天，老同学给我打了个电话，他告诉我他在另外一个城市里准备自己大干一场，并且告诉我，那个城市同样生机勃勃、遍地都是机会，他劝我去那里发展。我的确有些动摇，开始浮想联翩起来。平时，下班后，我都会安静地听会儿音乐，可是现在，我居然听不下去，不停地鼓捣着mp3里的歌曲，最后，还是没有安静地听完一首歌。

这是典型的心浮气躁，我立刻意识到自己的状况。这时，我想起这个小和尚与老和尚的故事，这才觉得其中的深意。年轻人可不敢浮躁，一旦飘忽不定，左右摇摆，必定会摔得鼻青脸肿。我才刚刚起步，都还没有走稳，可我却想到了要跑。这难道不是浮躁么?

任何时候，选择了，就应该坚定地走下去。我选择了从琦金国际开始自己的梦想，我选择了从零出发，就不应该动摇，我也不能动摇。动摇不仅是浮躁，而且还是懦弱。想想看，浮躁得连心都静不下来，这样的状态如何去冷静地思考问题，这样的状态无疑就是莽汉的行径。

这样一想，我的心好像被猛地击打了一下。是的，任何时候，都要冷静，年轻人需要有着敢于奋斗和冒险的精神，但是，冒险并不代表着盲目和随波逐流，走马观花，将会一无所获。自己真正有了积累和实力之时，摆在面前的机会将会更多，那时，我才有能力去抓住它。机会不在于多，而在于要有把握机会的能力。什么才是把握机会的能力，是知识、经验，以及敢于拼搏的精神，所以，我更加懂得厚积薄发的真正含义。当然了，如果要等“万事俱备，只欠东风”也并不现实，但是，起码，不能盲从、盲目、毫无准备，这才是硬道理。

冰心说：“成功之花，人们只惊羡于它现时的明艳，然而当初它的芽儿，浇灌了奋斗的泪泉，撒遍了牺牲的血雨。”所以，此刻，表面看似并无异样的我，心里却着实地经受了一次洗礼，我真正理解了浮躁是颗“毒瘤”的真正含义。

心灵的安静

“非宁静无以致远”出自诸葛亮的《诫子篇》，其意是：不追求热闹，心境安宁清静，才能达到远大目标。

我将怎样在喧闹中感悟平淡和宁静?

常常听到这样的话：“心静自然凉。”厚积薄发需要的是冷静，如果心浮气躁，将无法达成目标。

吕同六先生是国内传播意大利文学的开拓者。1938年出生于江苏的他，于1962年毕业于苏联列林格勒大学意大利语言文学专业。

在40多年的翻译生涯里，吕六同先生一直致力于将意大利各个时期的文学引入我国。因为他在中意文化交流方面有着突出的贡献，曾获得了多项荣誉。

吕同六先生这样评价他的事业：“诚然翻译的道路荆棘充塞，长夜伏案，斟字酌句，苦不堪言，但归根到底，每一次的译事，仍然是一次难能可贵的修炼，一次令人意外的欣喜和收获。”

怎么不是这样，任何成就的获得都建立在一种心境平和的基础上，浮躁和功利绝不能成事。要想扩大自己的视野，就应该有着平静的心态，否则思维被眼前的点滴功利所局限，只会失去发展。

的确，不论什么时候，都存在各种各样的诱惑，这些诱惑往往就是使自己浮躁不安的因素。烦恼和浮躁的产生就是由于有了一些希望，而这些希望恰恰就是这个阶段里不切实际的希望。诚然，有希望是好的，只是希望的实现需要一个循序渐进的过程，有一个为之奋斗的过程，如果准备成熟，有了时机，一切希望都能够实现。所以，追求自己的目标并不在于一时，而应该有一个可实施性的过程，这才是达成目标最重要的条件。

我看到这样一个故事：

一个农场主在视察自己的农场时，不慎将一块对自己有特殊意义的手表遗失在谷仓里。他寻了几遍，并未找到手表的踪影。

这块手表是他祖父送的，尽管并不名贵，可是农场主非常珍惜。于是，他委托农场负责人在农场门口贴了一张寻物启事，还抛出了优厚的回报。

农场的工人们四处寻找手表，无奈谷仓内谷粒堆积如山，加上大量的稻草，一整天下来，并无所获，他们要么抱怨谷仓太大，要么抱怨谷粒太多，要么抱怨手表太小，总之，他们急欲找到手表，没有人真正冷静下来想想为什么找不到手表。

有一个工人的儿子也在他们中间，直到太阳下山了，人们都失望而归时，他突然想到，到了夜晚，周围非常宁静之时，就能听到手表滴滴答答的声音，顺着响声肯定能找到手表。于是，小孩如愿以偿地找到了手表，并得到农场主的奖赏。

这个故事读起来虽然有些形象化，可正好说明了：要想达成目的，就应该冷静地面对眼前的问题。故事中的人们浮躁源于希望得到农场主的奖励，所以，越着急就越想不到解决问题的方法。

我又何尝不是这样，我希望自己能成为一名优秀的编辑，希望有一天我有能力参与到琦金国际的决策中去，更希望有能力成立自己的琦金国际文化公司。这一切的愿望是美好的，也并不是不可能，但是，要想实现他们，必须有着多方面的积累，如果一蹴而就，那就会以失败而告终。所以，我坚信自己有能力达成目标，我更坚信达成目标需要付出努力。

行动与思考：

1. 当你强行打断别人的话题，想要表达自己的意见时，你一定是浮躁不安的。

---

2. 假如你经常扮演一个心理专家，想从别人的言行中了解他人时，不妨放弃这种习惯，你将会轻松很多。

---

3. 任何时候，都不要抱着一种想法：想要使周围所有人都满意你。这完全不可能。

---

4. 如果周围的人不能够给你安全感，那索性就不要想着去别人那里寻找安全。

第二节 高调做事，低调做人

做人和做事的方式和重点是不尽相同的，做人提倡的是不拘小节、不过于斤斤计较，但是，做事就不同，工作的每一个细节都不能被忽视，正所谓“失之毫厘，谬以千里”。做人方面，我要洒脱、慷慨大方；做事方面，我要谨慎、仔细。

和同事相处要尽量简单

和同事相处要尽量简单是一条真理，不要过分计较细节才能愉快。这是同门师兄师姐在我毕业时传授给我的秘籍。

人的性格各有异同，有的人喜欢较真儿，有的人喜欢向其他人打听工作无关的事，有的人大大咧咧，有的人爱开玩笑，有的人比较严肃。同事之间的关系要尽量简单和单纯，这样才能持续地相处下去。

工作场所主要把精力放在工作上，至于同事间，保持友好的合作关系就足够了。师兄师姐就吃过这样的亏，于是，他们告诫我，千万不要随便沾染到是非和争斗中，简简单单才是明智的。

的确是的，同事之间尽管有竞争，但过分计较得失确实没有必要，不论是名誉或是物质奖励或是评价，该糊涂时就得糊涂。做人太精明了反而会受伤。有些时候，适当的让步未必就是坏事。被世人誉为“扬州八怪”之一的郑板桥，留下两句四字名言，一句是“难得糊涂”，另一句是“吃亏是福”。对于修身养性，后一句无疑更值得人们奉为信条。

实际上，又有几个人肯吃亏，又有几个人真的认为“吃亏是福”呢？我们先来读郑板桥的一个小故事：

郑板桥任潍县知县时，其堂弟为了祖传房屋的一段墙基，与邻居诉讼，要他函告兴化县相托，以便赢得官司。郑板桥看完信后，立即赋诗回书："千里捎书为一墙，让他几尺又何妨？万里长城今犹在，不见当年秦始皇。"稍后，他又写下"难得糊涂"，"吃亏是福"两幅字。

并在"难得糊涂"下加注'聪明难，糊涂难，由聪明而转入糊涂更难，放一着，退一步，当下心安，非图后来福报也。'在"吃亏是福"下加注'满者损之机，亏者盈之渐，损于己则盈于彼，各得心情之半，而得心安既平，且安福即在是矣'。

郑板桥在接近不惑之年，官运萧条，家境落得"两袖清风"，使得他本人对过往经历有些抑郁，难以释怀。朝廷内外对他的排挤，人际关系也很紧张，使得其更感到心身疲惫。曾经那个不可一世狂妄的少年，曾经那个激昂奋进的朝廷官员，那个满腹经纶道德礼仪的才子郑板桥，在经历过颠簸坎坷之后，也学会了让步，学会了淡定从容。

同事相处太过于计较细节确实没有必要，久而久之，只会让别人反感。斤斤计较只会累己，只会失去友谊。

其实，我认为不要斤斤计较也不代表着过分随和。人和人之间不用去过分地表现什么，不管是随和或者斤斤计较，都要有一定的"度"，如果超过"度"，表现出的是虚伪。我做人的原则就是这样，对谁都一样，以礼相让为先，但不会过分地对什么事情认真或者牵强附会。爱人者，人恒爱之；敬人者，人恒敬之。任何人都不会无缘无故地接纳另外一个人，首先就要学会尊重别人，礼貌待人。当然，人之性格都各有疏同，有的人即使对他以礼相待，他却不识抬举，那也不用认真计较，以后少为交往便是。可是，我相信绝大部分人都是懂道理的，我和他们之间必然能以最好的距离相处。至于极少数者，也不用刻意去排斥他们，保持安全距离就可，这样的人，其实也得不到其他人的认同，所以，即使和他有过过节，也就让他过去，公道自在人心。

这样的“度”就是安全距离。正所谓距离产生美。有人把人际交往的距离准则比作“刺猬理论”，这是一个很简单的道理，特别是在同事之间，因为理念、文化、性格等各个方面的差异，必然就会造成亲疏之分。这种亲疏必然也存在着一个“距离”，保持着和各种不同人之间的必要距离就可。

我认为这也就是同事之间简单相处的原则。我和老林就是在一个很安全的距离之内，他虽然是我的上司，但是我们趣味相投，说话投机，自然就可以开玩笑、调侃。可是，由于关系的融洽，所以，工作时如果不注意就会产生拖沓和不服从命令，要想不影响工作的顺利执行，就应该对他的安排采取服从。事实证明，这样的关系是最为妥当的。我们既能把工作做好，关系又是融洽、和谐的。

当然，琦金国际文化公司的所有同事中，有极个别的人极为不易相处，我加入这个集体快两个月，有些人我没有办法和他们像和老林一样地相处。可是，我并不感觉到遗憾。我做到了以礼相待，先向对方表示过友好。至于没有达成一个良好的关系，并不是我的初衷。任何事情都不可能面面俱到，既然这样，我又何必去强求和过分计较这样的关系，保持一个安全距离就是最佳的选择。

不论对谁，不论疏密，只有简简单单的相处，没有过多的在意和累赘，针对不同的人保持着交往的安全距离，这样，走到哪里都不用惧怕人际关系。

失之毫厘，谬以千里

在细节的把握上，做事和做人是存在区别的。做人我讲究的是不过分计较相互之间成功或失败的得失，而做事，我不会让自己能过则过，我在乎每一个细小的环节。

话说得好：天下的事，必作于细；天下的事，必成于易。工作中的环节不能大而化之，如果不注意细节，无论何事，都不可能成功。小心谨慎，关注做事的每一个细节的人，即使才能平庸，他的事业也往往有相当的成就。有时候，一个墨点足可将白纸玷污，一件小事足招来人的厌恶。

现在，很多企业在拼细节上的功夫，谁的产品更加精细，谁的服务更加周到，谁就赢得了市场占有率。那么，职场人士想要在竞争中取胜，又何止不是这个道理。注意细节的人方显出奇特的魅力所在。

“失之毫厘，谬以千里”，这是古人对把握细节的一种诠释。细节是平凡的、具体的、零散的，如一句话、一个动作、一次会面等，容易被人们所忽视，但它的作用不可估量。有些细节会深深地印在我们的脑海中，留下终生难忘的印象；有些细节会改变事物的发展方向，使人们的命运发生转变。对个人来说，细节体现着素质；对部门来说，细节代表形象；对事业来说，细节决定着成败。在为人处世时，我们同样要注重细节。在日常生活中要时刻注重你的言行举止，在细微处体现你的礼貌与睿智，这样你的人际关系才会顺畅自如。办事要注重细节，一个举动可能破坏了自己的形象，把事情搞砸，因此越是细微之处越要留神。

我的职业特性更是要求我重视起工作中的细节来。欧洲有句谚语："魔鬼存在于细节之中。"是的，自己的一个失误就可能影响到案件是否能成功提起诉讼并胜诉。或许看似简单的细节，如果不加以重视，就能造成严重的后果。这是处在这种工作里的任何一个有关系的人都不愿意看见的，包括琦金国际文化公司、员工、客户。一点不注意，将会使得这么多人承受着失败之痛，我不想看到。所以，我这样告诫自己，一定要重视起来，不管这个细节看起来多么地微不足道。

城市中快餐店遍地都是，可是，不同的快餐店都显示出了他们在细节方面的不同。麦当劳为什么能遍地开花，因有着其特殊的道理。

麦当劳在中国开到哪里，火到哪里，令中国餐饮界人士又是羡慕，又是嫉妒，可是我们有谁看到了它前期艰苦细致的市场调研工作呢？麦当劳进驻中国前，连续5年跟踪调查，内容包括中国消费者的经济收入情况和消费方式特点，提前4年在中国东北和北京市郊试种马铃薯，根据中国人的身高体形确定了最佳柜台、桌椅和尺寸，还从香港麦当劳空运成品到北京，进行口味试验和分析。开首家分店时，在北京选了5个地点反复论证、比较，最后麦当劳进军中国，一炮打响。这就是细节的魅力。

现在，虽然快餐食品的营养价值遭到了公众的质疑，但是，他们好的地方，他们做得出色的地方，都是值得学习的。借鉴，就是要摈弃坏的，学习优秀的。

尽管只是一个员工，但是，麦当劳这种注意细节的态度使得我有些感悟。细节确实值得我去认真对待。假如抱着能过且过的态度去对待，最后的结果将会使自己失望。

战略管理大师迈克尔·波特认为：战略的本质是抉择、权衡和各适其位。所谓“抉择”和“权衡”，就是我们所谈的每个战略制定前的调研分析，以便做出最后决定的过程；“各适其位”就是对战略定下来以后的具体细节上的执行过程，就是对每一个细节的关注。再好的战略，也必须落实到每个细节的执行上。

是的，琦金国际文化公司每一个成功的诉讼背后，都掩盖着很多细节之处。或许我们只看到了结果，但是，想想看，没有一个好的执行力，没有关注细节的态度，怎么会有好的结果呢？

我明白自己将要以怎样的一个态度来工作，那就是注意工作中的每一个细节。有时候细节显示魅力，以认真的态度做好工作岗位上的每一件小事、以责任心对待每个细节。只有小事做好了，才能在平凡的岗位上创造出最大价值。“以管窥豹，可见一斑。”我们往往可以从生活中的一些微不足道的小事洞察秋毫，从而感悟到一个人的内在精神。也正是这一份份平凡的工作和一件件不起眼的小事才筑就了以后的辉煌与成就。要从大处着眼，小处着手，认真地去做好、做细每一件工作，使工作之中不留任何死角。

要做到最好

很多人都会犯这样的毛病，要求别人做到完美，却不是要求自己完美。生活或工作中遇到这样的事情太多。总是抱怨别人没有做好，但不知道审视自己身上的不足之处。

其实，任何人，赢得别人的信任和尊重是其次的，主要是要赢得自己的信任和尊重。怎样做到这一点？那就是追求最好，不是去要求别人这样做，而是要求自己。

生活中，每当看到那些反目成仇、互相敌视的夫妻，他们几乎都有一个毛病，互相去挑对方身上的毛病，互相指责对方没有达到自己的要求，但却忘记了自己。

工作中，很多员工和老板也是这样，员工要求老板对自己更仁道，老板要求员工工作做得更出色。

在这个问题上，我想了很久。的确，想要赢得自己的尊重和别人的尊重，首先必须严格要求自己。当有条件要求别人的时候，也不要忘记在要求别人的同时，更要要求自己。所谓以身作则就是这样，一个连自己都管不好的人怎么可能赢得他人的尊重呢？

所谓个性，并不是说和人相处时以自我为中心，只想到自己，这并不是个性。我认为的个性是一种超乎于世俗的正确的做人、做事方法。就像这个主题，不是要求别人追求更好，而是要求自己追求最好。这就是我认为的“个性”。

最近，在看《赢在中国》这个节目，很有些感悟。这是一个以励志和创业为主题的节目，主要是入选的创业者之间的竞争，去赢得评委的认可。几轮下来，我看到了细节中透露出来的一些东西，那就是个人的魅力。有的选手虽然竞选失败，但从评委的表情和言语中，我看到了人格完善的人不论失败或成功都会赢得别人的尊重，这才是关键的。因为这样的人不会一直失败下去，总有一天会有用武之地。

我看到了自己应该坚持的东西，就是自己的“个性”，当然是好的“个性”，比如认真、诚恳、对自己严格要求等这些特点，我会继续坚持下去。最起码，它是我内心中最为重视的品质，我不会放弃。

要想让别人达到自己要求的前提就得先让自己达到要求。很多时候，因为种种原因，人们总是达不到这样的要求。想要要求别人以怎样的态度对待自己，假如不如所愿，就大为不满，其实这才是傻瓜的表现。我看到这样的人后，暗自想，我可不能做一个这样的傻瓜，不是说“把别人当成傻瓜的人才是最大的傻瓜”，所以，我经常这样说，不要轻易地去判断某个人，因为所有人都有着擅长的一面，这一个地方就是自己不具备的。只有看到了，想到了，才知道自己不好的地方在哪里，改变别人的前提是先改变自己。

管理大师彼得·德鲁克就是一个一生追求完美并绝不放弃的人。他对自己严格要求的程度是值得我们学习的。

我读到一则关于彼得·德鲁克的故事。

彼得·德鲁克非常热爱歌剧，18岁时，他到汉堡歌剧院看一出意大利著名作曲家威尔第的歌剧，他被歌剧深深地吸引了。他了解到这部充满热情并且活力四射的歌剧是威尔第在80岁时创作的。有人问威尔第，作为19世纪最重要的歌剧家，为何在80高龄还要继续创作，这样是否是对自己要求太高。威尔第就此做出的回答使得彼得·德鲁克终身难忘，并且一直以威尔第的话来要求自己。威尔第说：“我的一生就是作为音乐家而完美奋斗的一生。完美永远躲着我，我当然有义务去追求完美。”

正是这样要求自己，彼得·德鲁克用行动赢得了殊荣，他在广泛实践基础之上的30余部著作，奠定了现代管理学开创者的地位，被誉为“现代管理学之父”。

不论是彼得·德鲁克还是威尔第，他们的精神折服了我。就像威尔第的话一样：完美总是在躲着我，但我有义务去追求完美。结果是怎样并不重要，重要的是自己努力去追求了。

说到具体的工作中，简单的道理很明了，但需要我去执行它，没有任何借口地执行它，假如让自己的内心真正尊重自己，那就从自身做起，严格要求自己。

行动与思考：

1. 去了解一下周围的优秀人士，看看他们是怎样对待工作中的细节的。

---

2. 要想生活得轻松一些，就不要去和同事斤斤计较，让你们的相处尽量简单。

---

3. 每次任务结束后，都问一下自己，有没有尽力而为，假如答案是否定的，那下次就应该加油了。

---

4. 从这一次开始，力图重视起工作细节来，看看结果会有什么不一样。

第三节 真实地面对过失

做错事后，有些慌乱和不知所措，脑子里首先想到了没有办好任务的原因，可是，转念一想，错就是错，我不能养成找借口的坏毛病，面对失败，不找任何借口。

真实面对过失

周末，我在学校里疯玩。穿上球服，和哥儿几个在足球场上踢开了。之后又去校园里熟悉的餐厅喝酒闲聊，喝得烂醉。我好像忘记了明天上班有个重要的任务。

早晨，晕晕地起床，脑袋又沉又痛。老林今天没来琦金国际文化公司，他直接去法院处理一些事务。我开始处理他交待下来的工作，尽管极想倒头就睡，但还是尽量坚持着，我一杯杯地喝着咖啡提神，直到下午快下班时，我猛然想起老林让我去找一个证人。晕，怎么这样？我好像突然被凉水激了一下，困意顿时烟消云散。后天有个民事案子开庭审理，那个证人要出庭，有些事宜需要和他沟通。

我来不及多想，急忙出了琦金国际文化公司去找证人。不巧的是，我到他家时，证人于下午三点回河北老家办些事情，打电话也关机。这无疑对我是当头一棒，早些来就好了。

我觉得天都快塌下来了，怎么办，我想到了明天直接去河北把人找回来。可是，明天还有一些事务处理，后天就要开庭了，只能今天晚上去琦金国际文化公司加班了。想好策略后，我还是决定给老林打电话，我应该把情况告诉他。

这是我来琦金国际文化公司后办砸的第一件事，可却是极大的，这将会影响审理结果。老林虽然着急，但没有批评我，他同意我的想法，明天去找人。

做完工作后，我想着自己这个错误，心里有些怵，这次，老林肯定不会饶过我。我该怎样对他交待呢？想来想去，我决定不找任何借口了，直接向他承认自己的过失。

记得美国塞文事务机器公司前董事长保罗·查来普说："我警告我们公司的人，如果有谁说：'那不是我的错，那是他(同事)的责任'，被我听到的话，我就处分他。如果你站在那儿，眼睁睁地看着一个醉鬼坐进车子里去开车，或一个没有穿救生衣、只有两岁大的小孩单独在码头边上玩耍!你必须跑过去保护那个两岁的小孩才行。"

刘墉在一篇《庸医与华佗》中也讲述了一个发人深省的故事：

一位行医数十年的妇产科医生误诊了，她错把孕妇子宫里的胎儿当成肿瘤。

在做切除手术时，医生发现病人子宫里的并不是肿瘤而是胎儿。这个发现让她全身僵硬，额头上浸出豆大的汗珠。目瞪口呆的她当时矛盾极了，如果下刀把胎儿当作肿瘤切除掉，一切都会非常圆满，她保住自己的名声，病人一家也因为顺利切除肿瘤而高兴，并且对她会感恩戴德。

短短几秒的时间，医生却认为时间凝固了一般，度日如年一样，她决定为病人缝合刀口。

出了手术室，她等待病人苏醒后，用最诚恳的态度对病人和病人家属说："对不起，是我误诊了，您并没有长肿瘤，而是怀孕了。"她把手术的经过向病人家属说明，并继续说："你们可以放心生下孩子，因为发现及时，孩子一切都很好，一定会平安、健康地出生。"

这话把病人和病人家属惊呆了，恢复反应后，病人的丈夫冲过去抓住医生的衣服，吼道：“你这个庸医，我一定不会放过你。”

后来，孕妇果然平安地生下孩子。但是，医生却被病人告上了法庭。

这个故事让人感觉意味深长。人在面对错误时能真实地直视错误是需要勇气的。苏格拉底曾经这样说过：“否认过失一次，就是重犯一次。”

我今天所犯的错看似能找到理由，可是，如果养成犯错就找理由的习惯，怎么能够让自己记忆犹新、懂得要改正错误呢?

错了就是错了，如果找理由否认自己的过失，那就代表不愿意改正错误。做错事并不可怕，可怕的是将错就错，为了顾及面子或害怕受到惩罚而否认过失。发现错误的时候，不要采取消极的逃避态度，而是应该想一想自己怎么做才能最大程度地弥补过错。只要能以正确的态度对待它，勇于面对，错误不仅不会成为自己发展的障碍，反而会促使自己不断地成长、进步。任何事情都有它的两面性，错误也不例外，关键就在于从什么样的角度去看待它，以怎样的态度去处理它。

此时，我豁然了很多。既然已经错了，就不要找任何借口来掩盖自己的过失。我尽快出发，一定要找到证人。弥补错误才是最重要的，等这件事情办完，我就向老张正式承认错误，不管任何惩罚，我都愿意接受。

难缠的员工

什么是难缠的员工，不服从上司指派的任务，找借口推托责任，纪律观念淡薄的员工就是难缠的员工。

这些人中，要么是进取心不强，对上司交待的任务满不在乎；要么自以为是，自认为自己的本事很大，喜欢耍点小聪明，工作成绩却不见长进；要么是喜欢出风头，只要稍不如自己意，就耍性子，摆脸色出来给别人看。这些人都极易成为上司眼中的“刺头”。大部分的管理者都表示：手下有一两个“刺头”是正常，但如果“刺头”占据多数，工作就没有办法继续下去了，只有重新物色一批新人。

情况很明显，作为员工，千万不能做上司的“刺头”。我更是应该注意。刚刚工作不久就成为“刺头”，这可不是一个很好的开始。

这一次，我就差点成为了老林的“刺头”。如果老林能原谅初次犯错的我，我也绝不能原谅自己。“刺头”的形成，要么是自己没有意识，要么就是不在乎自己犯错，一错再错。我既然认识到了“刺头”的危害，怎么能轻易原谅自己。

今天，我从北京跑到河北乡下找人。因为那位证人曾经留下过他老家的地址，但他家没有电话，我只好一路打听着找到那里。还好，功夫不负有心人，下午5点，我顺利找到他并把他带回了北京。

安顿好证人后，已经将近晚上9点，我拖着疲惫的身体回到住所，一夜没睡再加上跑了那么远的路，的确感到乏力。可我知道，假如今天不是背着沉重的心理包袱去工作，也不至于这么疲惫。俗话说，心累胜过身累。这会儿，我一如既往地坐在电脑旁完成我今天的任务——每天的工作日志，敲下我的心情和感悟。

我不要做难缠的员工，我也不是“刺头”。我这样喃喃地对自己说。尽管疲惫，但我努力弥补了自己的过失，再累也是值得的，我的心情好比失而复得某件物品一样，高兴已经盖过了疲惫。

我想，这一次的确是我错了。可是，如果有一天，我被上司误解，我还会像现在一样一如既往的冷静么？的确，“刺头”里面，很多就是因为脾气暴躁或者爱发脾气，任何事情使得他不如意，他都会随时随地地使性子、发火。想想，我也是一个脾气暴躁的人呢，我有必要先好好想想这个问题。

富尔克是美国企业管理专家。他曾经也是一个脾气暴躁的人。

富尔克18岁时，在一家房地产公司从事销售工作。公司对于每一位销售员都有一定任务量，每天必须联系到一位客户，并将这处待售的房地产登记在册。

其中一个月里，富尔克仅联系了两个客户，他的上司大为恼火。上司冲着富尔克发火，语言中夹杂了蔑视：“我无法理解，即便我雇了一个傻子，在他背上挂一块宣传牌，那么，他至少也能将两处房地产的售价带回来登记。”

这样的指责使得富尔克烦躁，但他压住了心中的怒火，面带怒色地离开了上司的办公室。他在外奔波了一天，赶在下班之前，他将联系好的两处房地产待售登记表扔到了上司的办公桌上。但是，上司看起来并没有因为富尔克的粗鲁举动生气，他只是轻描淡写地说：“你最好明天也联系到两个客户。”

随着经验的增长，富尔克的心智慢慢变得成熟起来，他明白，当初上司使用“激将法”让脾气暴躁的自己慢慢成熟。

说起来，我有时候在遭受不愉快之事时，脾气也非常暴躁。那种情形下，往往失去了冷静的判断和分析。想起来，这样的举动可不就是“难缠”。职场毕竟不同于其他场所，即使遇到不顺心的事，也不应该像在家中一样随意发脾气。随意发脾气的人，说得好听点，是脾气暴躁或脾气不好，说得不好听点，是素质低下。再怎么样，也不能不分青红皂白地乱嚷乱叫或者行为粗鲁，因为这是对他人的极大不尊重，不尊重别人的人也不可能得到别人的尊重。

还好，这次的错误又让我产生出很多感想。任何事情都要主动去思考，这样才会有进步。现在，大家受教育的程度都在提高，我一直认为，受教育不仅要学习知识，还应该从各个方面提高自己的素质，否则，就枉费了教育。我告诉自己，犯错并不可怕，可怕的是不去思考自己的缺点，不改正自己缺点的人是绝不会有出息的。

不能舍去诚实

其实，自古以来，诚实就是一种美德。每个人都知道，时常挂在嘴边，可是，我们周围却频频出现诚信的问题。

案子审理得很顺利，回琦金国际文化公司后，我正式向老林承认了错误。说实话，的确感觉有些难为情。今天，平时嬉笑惯了的老林也非常严肃，他对我说："编辑的工作性质是神圣的，我们面对的是需要打赢官司的当事人，也许就是因为我们的一个错误或疏忽使得案子败诉，这对编辑从业人员要求更高，我们必须尽自己最大的能力去工作。从干这个工作的第一天，就应该意识到这个工作的意义和严峻性，你要写一份深刻的检讨。"

此时的我更多的是羞愧和难堪，我答应道："我一定尽快写好。"

老林接着说："我不是让你尽快，我是让你深刻地想想自己工作的重要性。还有，虽然你犯错了，可是你的认错态度值得表扬，就应该这样，'知错能改，善莫大焉'。"

老林的话，让我在惭愧中有了些安慰，我更加确信，无论发生什么困难，诚实是自己应该坚守的一条原则。对于犯错来说也一样，诚实地面对自己的错误，不找各种借口掩盖过失，懂得承认错误，才能更好地去弥补它。

常常听人说，诚实是美德。职场上的诚实也越来越被人们重视，以诚实赢得信任的人往往能做出成绩。尽管我刚刚进入这个竞争激烈的职场，但我应该从一开始就培养自己这种诚信的意识。这一次，我做到了，而且，只有诚实，才能对自己的过失做出更为深刻的检讨。

我的确应该好好反省自己的错误，这一次的教训使得我对自己的职业有了更深刻的理解。是的，每一个职业都有其特定的性质，只有对工作重视起来，不能有一点儿马虎，尽了力才不会后悔，否则就像这些天一样，我每天都在谴责自己，后悔没有考虑周到，差点给琦金国际文化公司和当事人造成了损失。幸运的是，最后的结果没有因为我的失误而导致败诉，可是，反过来一想，假若今天败诉了，我将抱着更多的自责和遗憾。想想看，这一次的经历对于我来说，既是坏事，也是好事，它让我成长了。

如果能在错误中得到更多的启发，人将会成长得更快，这一事件，不仅让我认识到自己对待工作的不足之处，还让我认识到有一个正确的认错态度是多么的重要。

报纸上记载了这样一件事：

有个年轻人是商店的销售员，商店里经营各种小食品和电话卡。

那天早晨，商店来了一个顾客，要买十张一百元的充值卡，年轻人很高兴，可他不知道这是一个陷阱。他把充值卡给了顾客，自己拿着顾客给的一千元转身用验钞机辨别钞票真伪时，顾客却说自己正好有重要的事情要用这一千元，不能买充值卡了。年轻人觉得顾客没有离开过，卡也都是新的，于是，同意退货。

年轻人并不知道，十张充值卡已经被那位顾客调换过了。

到了下午，有位顾客买充值卡给手机充值时，被告知那张卡是假的。这时，年轻人才恍然大悟，充值卡应该是被上午的顾客换了。

虽然骗子很狡猾，但这毕竟是由于他的疏忽造成的。想来想去，他还是决定向老板坦白。其实，他想过自己不承认这件事，老板也没有办法，因为上午只有他一个人在商店，没有人知道调换的事情。可是，他选择了诚实地承认自己的过失。

当年轻人向老板如实说明了情况，老板有些生气，但年轻人已经按规定把损失的一千元补齐，这事也就过去了。巧的是，和老板有着业务联系的一个厂商老板得知此事后，非常看重这个诚实的年轻人，聘请年轻人到他的工厂里工作，给他安排了一个合适的岗位，待遇还很不错。

很多时候，事态的变化往往在我们的意料之外。只要我们坚持自己做人、做事的原则，就会赢得别人的承认和信任。很多机遇的出现也在于平时的积累，有人说“有机遇是因为有准备”，人的各个方面的积累使得我们成长的同时，也能碰到很多机会。

三天，对于一个犯错的人来说是漫长的，行为上的忙碌是其次，关键是心里忐忑不安，担心是多方面的。此刻，静下心好好想了以后，心里坦然了。人，不论任何时候，都要让自己冷静并客观地看待所有问题，现在，我要开始写一个深刻的检讨，我可不能忘记，这也是工作的一部分。

行动与思考:

1. 回想一下，你没有获得机会的原因是什么，是不是有着拖延的习惯。

2. 即使是给自己定下的承诺，即便没有其他人知道，也要言出必行。

3. 不要把“我的脾气不好”这种言论挂在嘴上，因为职场上，没有人有义务来承受你的坏脾气。

4. 公司里，绝大部分的同事不愿意主动接近你时，问题一定出在你的身上。

第二章
改变习惯

第一节 掌握主动

既然我们的人生被很多被动而来的事物所困扰，就不要轻易放弃摆在自己面前的可以掌握的主动，为什么不抓住可以抓住的机会，把更多的主动权拽在自己手里，因为率先主动这种素养能让我们快速成长。

主动向优秀者学习

一个人如若没有受到过任何教育，那他必然会因此而蒙受很多不幸，一个人假如不去主动学习周围人的优点，那他必然会吃大亏。

在我们身边，有很多人都是值得自己学习的。尽管现在的人们普遍接受过不同程度的教育，但是，仅仅这些是不够的，我们要从身边的朋友、同事那里学习他们身上最值得学习的东西。

像我们这一代的青年，大部分的人容易犯这样的错误，过分的自信最终变成了自负，于是不愿意向周围的人群学习他们身上的优点，甚至可以这样说，很多人都不去发现他人身上的闪光点。工作中，如果不懂得学习同事的长处，就是对资源的极大浪费。怎样改变这样的状态，首先要从心态上改变自己。

很多时候，同事的举手投足，不经意间的一些处事方法就能让我们感觉这个人身上具备的优点。琦金国际文化公司中有很多同事已经在这里工作多年，有的和我一样刚刚加入这个团队不久，可是，我却发现，不论是谁，身上都具备着一些与众不同的品质，而恰恰有些优点就是我所不具备的。

杨编辑是一个非常认真负责的人，昨天，她和李编辑因为一个案子的问题在看法上发生了分歧。杨编辑不仅很仔细，脾气还有些暴躁，情急之下，她向李编辑大声嚷嚷了一通。当时的气氛火药味很浓，很尴尬，当着众人的面被人吼叫后的李编辑有些窘迫。

今天，李编辑一扫昨天的不愉快，主动和杨编辑幽默地打招呼，办公室的气氛又恢复了和谐。

看到李编辑的表现，我不得不佩服他，便毫不犹豫地在今天的工作日志里写下了对这件事的看法。

是的，我应该学习这样的优点。我知道自己没有这样的肚量，和别人发生矛盾后，很少主动找别人和解。发生在我身边的这件事，让我彻底知道了自己的不足。

的确，只要不经意间，我们都会发现，其实自己身边有好多人身上的优点值得自己好好学习，不论是为人、处事还是工作过程中那些优秀的品质。主动发现这些优点并学习它们，对于人的成长起着关键的作用。

特别是作为刚刚进入社会的年轻人来说，更应该有主动向同事学习的意识。人的一生就是一个不断成长的过程，只要生命存在，每天都会有所收获。很多同事都有一些宝贵的工作心得和经验，都是经过他们的实践亲身体验的。学校里学的知识是一种基础，但实际工作中会碰到很多意想不到的问题，同事恰恰就是能帮助自己解决问题的人。既然作为学习者，更应该表示出自己的主动，没有人会告诉你应该怎样做，很多东西都必须靠自己主动去争取，不论什么时候，都应该有主动的意识。

主动学习别人的优点，这是一种提升自己能力的方式，人无完人，重要的是知道不断地探索更加优秀的品质。人有时候过分地在意自己，不去理解别人，想想看，不懂得时常提高自己各个方面的能力，即使一个小小的习惯，也能改变很多。

这样一想，我发现原来自己身边有那么多值得学习的对象，不能说他们都是完美的，但可以说他们身上有一些地方是闪光的。人就是在这样的主动中一步步成长。

曾经听说过“一盎司定律”，那是著名投资家约翰·坦普尔顿通过大量的研究得出的一条重要定律，中等成就的人与突出成就的人所做的工作量并没有很大差别，他们所做的努力差别很小，如果一定要量化，那么可能只有一盎司的区别。

如此，我们学习别人的优点即便是多了一盎司，结果可能大不一样。

小小的一盎司可能就会让自己变得更加强大起来，为什么要吝啬这一盎司呢。从平凡中脱颖而出没有想象的那么困难。有的人是千方百计地主动学习他人身上的优点，这样就会变得更加出色。有的人却放弃一些得天独厚向他人学习的机会，即便他周围的人多么优秀，多么值得学习，他却无动于衷，散失了主动，工作也就越来越被动。只要不放弃那些自己能抓住主动的机会，就一定不要往后退。

主动思考

主动，也就是自动自发。如果在工作中不需要别人吩咐，就能主动地开动脑筋思考问题，工作质量就会大不一样，而且，还会创造出奇迹。

当看完洛克菲勒的故事后，我才深深地领悟到：任何工作，只要有心，主动去寻求更好的，都能够有所作为。

洛克菲勒年轻的时候没有什么特殊的技能，他在一家石油公司里给人做一些事务性工作，任务是检查石油罐的焊接口是否完好。因为焊接工作是自动操作，所以，为了安全起见，检查是一项必不可少的程序。在石油公司里，很多员工都认为这是一项既没有技术，又极其枯燥和乏味的工作，洛克菲勒常常因此遭到同事们的嘲笑。

有一天，刚被同事取笑后的洛克菲勒终于忍耐不住，他找到主管要求调换一下工作岗位，可是，主管拒绝了他。洛克菲勒只好又回到自己的工作岗位上，每天看着焊接剂滴在罐盖上，然后检查是否焊接完好，再看着焊接好的罐盖顺利运走。

两个星期以后，洛克菲勒转变了自己的工作态度。他想：如果无法调换工作岗位，与其每天愁眉苦脸地面对工作，不如踏踏实实把这个工作做好。因为态度的转变，洛克菲勒开始细心、认真地对待起自己的工作。他不仅更加仔细地检查罐盖的焊接是否完好，还发现每39

滴焊接液就能焊接好一个罐盖，但是，根据周密的计算，他得出一个结论：只需要38滴焊接液就能把罐盖焊接完好。

他把这个发现报告了主管，他们经过反复地测试和实验，事实证明了他是正确的。这就意味着每焊接一个罐盖就能节约出一滴焊接液，累计下来，一年能为公司节约出一笔很大的开支。

往往事实就是这样，只要我们主动去思考工作中任何一个小细节，想想自己是否能有更好的方法解决问题，很多奇迹就在自己的主动工作中诞生了。

洛克菲勒从一个工人成为著名的石油大王虽然并不是一蹴而就的，但是，毫无疑问，这和他主动工作的意识是分不开的，不放过主动寻找解决问题的机会，自然也就会在此中收获更多。

想要让自己的能力得到提升，主动思考工作中每一个细节是极其必要的，主动解决工作中的难题，不要把问题推给老板。尽管老板也有解决问题的责任，但是，想想看，如果自己能够主动解决问题，价值也就会因此而体现出来。

《邮差弗雷德》中所描述的弗雷德就是一个主动工作的人。邮差的主要工作就是把邮件送到收件人手里，这是每一个邮差都能做到的，但是，弗雷德却不一样，他主动思考自己的工作应该怎样改进。他了解了收件人的各种情况，比如经常出差的收件人就可能因为没在家及时接收邮件而导致丢失邮件，经得收件人同意后，弗雷德便在收件人不在家时妥善地替他们保管邮件。

虽然这样的想法看起来并无什么特别之处，好像人人都能想得到，的确是这样，不同之处在于，弗雷德主动去想了，也主动去做了。

对于我来说，故事的含义是多方面的。其一，它让我知道只要自己主动去思考，就能找到很多使工作质量变好的方法；其二，它告诉我尽管一些问题的答案看似很简单，但需要我主动关注它。

如同今天一样，我在看一本编辑书稿时，发现一个案例和老林正在办的案子很类似，通过我自己对编辑知识的理解，我认为这个案例可能会帮助老林打开一些想法，于是，将这个案例转给老林看，结果，正如我所料，老林对我的案例很感兴趣。

得到老林的肯定，我很高兴，毕竟这也是一种价值的体现。当然了，既然我是老林的助手，老林的案子也就是我的案子，如果多动脑子，主动为工作寻找出路，就一定会有所收获。

这样一种自动自发工作的方式，不论任何一家企业，都会推崇，即便是老板，也更应该有这样主动的意识，因为主动是被动的大敌，你主动一点，被动就离自己远一点。

这样做，也是一种自信的表现，相信自己能够解决问题和困难，因为谁都愿意自己在工作中寻找到存在的价值。每个人都想要不平凡，但不平凡是需要你主动脱离它的，虽然我不害怕平凡，但我却不希望因为自己不主动思考问题而失去向优秀跨越的机会。

主动去做

琦金国际文化公司是一家发展稳定并且已经形成一套自己工作规定的公司，琦金国际文化公司中每个人的职责都是清晰可见的，甚至清晰到为公司做保洁工作的两个保洁员，她们各自负责照看哪一盆花都很明确。如此一来，是不是就是说职责的明确可以让琦金国际文化公司中的每一个人有了明确的分工，如果不属于自己本职工作的事，即便自己有条件办到，也不会主动去做。可是，在我的眼里，我的同事们却绝不会因为不属于自己职责就抱着那种事不关己、高高挂起的态度。

的确，翻看了一个主题是“想想自己能为公司做点什么”的文章，里面有句话说得很有道理：职场中很多人认为，自己只要完成公司交待的工作就可以了，其实，如果能为公司多做一点事情，为什么不呢？

是的，即便是一件小小的事情，如果自己能办到，就主动些，有什么不可以。约翰·肯尼迪总统的就职演说里有这样的一句经典名言：“不要问你的国家能为你做些什么，而应该问你能为国家做些什么。”这句经典名言成为了职场中人们的工作准则。

我们在一个公司就职，利益并不是我们工作的唯一目标，即使是一些获利较少或者没有获利的事情，也应该尽自己的能力为公司做点什么，其实，很多事情就是举手之劳。比如，负责接听电话的秘书有事不在，听见电话铃响时不要充耳不闻，帮忙接听一下，或许这是一个对公司有用的电话。很多事情看起来只是不经意，往往就体现了自己对公司的热爱程度。

世界知名的投资顾问专家卡洛·道尼斯最初给汽车制造商杜兰特先生工作时职务并不高，他从事着普通的工作，是杜兰特先生一名非常普通的员工，可是，他通过自己的努力，成为了杜兰特先生的左膀右臂，担任其下属一家公司的总裁。

他的成功没有捷径可言，就是每天努力一点，每天奉献一点点，他自己认为成功的关键是看到一些工作需要人做而没有人去做时，他能不计报酬地去帮助别人完成，奉献自己的一点力量。

当时，卡洛·道尼斯注意到杜兰特先生的工作非常繁忙，常常工作到很晚，每天都如此，所有人都下班回家了，可是杜兰特还在办公室忙碌。因此，卡洛·道尼斯决定牺牲一些自己的时间，留下来为杜兰特提供一些帮助。

当卡洛·道尼斯有这个想法后，就义无反顾地实行。杜兰特经常会自己找一些文件和常用的办公用品，当杜兰特发现卡洛·道尼斯主动帮助他做这些事情时，杜兰特欣然接受了他的帮助，一段时间后，他们的这种关系成为了一种习惯，杜兰特逐渐地让卡洛·道尼斯帮他做很多事情。卡洛·道尼斯这样说：“到最后，杜兰特先生发现已经离不开我了。”

人的价值，就是在这些看起来微不足道的奉献中逐渐得到提升。

从理论上来说，有很多事情我们只需要顺手就能做到。顺手把混乱的会议桌和椅子整理一下等这样的事情，类似或不类似，看起来竟是那么微小，任何人都能做到的小事，但是，却体现了一个人的品质，我们希望看到我们的团体和共同的环境有一个舒适的、和谐的气氛，这需要集体中的个体“眼中有活儿”。不论是工作事务，还是后勤事务，只要自己有条件做到，主动多做一点点没有什么关系。如果看见了一些需要做的工作，却视而不见，不当这件工作的存在，这样的人必然会遭到唾弃。做人就应该这样，在知道不该做那些被人唾弃的事情时，就在不刻意间体现了积极和热情。

今天，是我正式工作的第17天，早晨来到公司，我试图这样问自己“自己能为公司做点什么，即便是点滴，也体现了我对这个集体的热爱”。当我这样想以后，每一个不经意间都能顺手做点事情，在别人还没上班时，主动整理一下办公室。其实，因为琦金国际分工的细化和同事们都愿意为公司做一点点事情的工作态度，而且不带有丝毫的怨言，整个办公气氛都是积极的，环境也是清洁的，所以，付出只是点滴的，但值得我学习的就是这样的主动意识，它代表着一个人的品质。

行动与思考:

1. 时刻提醒自己“我要主动做事情”，这样能提高你的工作积极性。

2. 从此刻开始，当发现公司中有一些工作需要做时，主动一些。

3. 克服被动工作的思想，还需要从根本上改变你对工作的看法，因为工作不仅是糊口。

4. 想象一下主动的对立面——被动，看看被动所带来的种种后果。

第二节 懂得负责

责任心是工作中不可缺失的职业道德。缺失了责任心，也就谈不上稳定、发展和进步。将责任心根植于内心的人无疑是优秀的。

工作就是责任

据说美国总统杜鲁门的办公桌上摆着一个牌子，上面写着“Bookofstophere”（责任到此，不能推卸）。我把这句话作为我工作的一个基本准则，我对自己所做的工作负有责任，而且不能推卸、不能转嫁。

每天看着蜂拥上班的人群，他们怀着各自的目标不断向前，为了履行自己的职责。一个月前，我也加入了这个人群中，有了一份牵挂，一份工作赋予给我的责任。想起幼时常常听到大人们谈论到的责任感，那时并不知道什么是责任感，但是幼小的心灵里埋下了一种感觉：责任感是一种优良的品格，具有责任感的人经常会得到别人的赞赏。当我看到一张张当事人焦急的脸庞时，我知道我有责任帮助他们打赢官司，处于什么样的工作岗位就应该负起什么样的责任。

当接受一份工作时，就意味着有了一份不可推卸的责任。自己不负责任的一个举动，可能就给客户或公司带来严重的伤害。当对工作充满责任感时，能从中学到很多的知识，积累到更多的经验，这是一个全身心投入的过程，也是一种发挥自己价值的过程。责任就是你应该而且必须要做的事情，它伴随着每一个生命的开始和终结。只有那些能够勇于承担责任的人，才有可能被赋予更多的使命，才有资格获得更大的荣誉。一个缺乏责任感的人或一个不负责任的人，首先失去的是社会对自己的基本认可，其次失去了别人对自己的信任与尊重，甚至也失去了自身的立命之本——信誉和尊严。

今天，老林给我讲了一个发生在琦金国际文化公司里的故事：

有一位老人因为一起交通肇事做过牢。

服完刑后的十五年里，他一直奔走在法院，因为他是被自己邻居冤枉的，他并不是肇事司机。现在，他只是想要找回自己失去的尊严。

当老人找到琦金国际文化公司后，刚开始，没有人愿意接这个案子。这是一个没有任何头绪的案子，事隔那么多年，几乎没有可能会翻案。公司向老人说明了情况后，老人却非常冷静，他说："我知道这件事情难办，否则，我忙和这么多年也该有个结果。可是我不甘心哪，我真的是冤枉的。这样吧，我知道你们都很忙，等你们什么时候没有其他案子时，你们再来帮助我。"

老人走时，把他的所有材料全都放在了琦金国际文化公司，负责接待的公司职员再三声明，没有正式受理之前，材料由本人保管。老人留下一句话："我相信你们。"

这件事过去三天以后，老人又出现在琦金国际文化公司，他说他要过来给我们打扫卫生，这样案子有什么消息，他就能及时知道。持续一个月，老人天天都来。看着老人已经爬满皱纹的脸，大家都劝他："回去吧，大爷，何必呢？事情都已经过去了，即使翻案，你的刑期都已经服了，这是不能改变的事实。"老人听了，只是重复着他的那句话："我相信你们。"

老付看着老人沉思了片刻，他决定受理老人的案子。

这是一个毫无头绪的案子。尽管有陷害老人的那人的一些情况，但是，那个人早在出事以后就带着全家搬走了，不知去了哪里。偌大一个国家，如何找？这个案子到后来变成了寻人。

老付是一个极其负责的人，他认为自己既然接了案子，就应该给老人一个交代。三个月后，老人得知那个邻居搬迁到某地，是一个偏远的县城。他和老人便踏上了征途，好不容易到达目的地后，却被告知那个邻居在几年前就搬走了。这让案件又陷入了僵局。最后，老付和老人在那个偏僻的县城整整住了一个星期，每天四处打听那个邻居的去向。功夫不负有心人啊，两个星期后，他们终于找到了当年的那个邻居。原来，十年前，那个邻居从一个亲戚那里得知老人刑满出狱后，担心老人会找到他，就再次搬了家。

两个当事人都已经老了，他们见面时，没有发生火药味十足的一幕，邻居只是说："你到底还是找来了。"

最后，在有关部门和老付的帮助下，老人平反了。当老人拿出这些年和老伴攒的积蓄送到琦金国际文化公司时，老付和琦金国际文化公司领导都一致决定把钱退还给老人，只是希望这个可怜的老人能安享晚年。

当我听老林讲完这个故事时，感触颇多。同时，我也还深深地懂得了自己作为编辑从业者应该担负起的责任。

每一份工作都给做这份工作的人界定了责任，既然选择了工作，我没有理由推卸自己应该担负的责任。

责任和财富挂钩

每一个职业人都希望自己所供职的公司有一个宽松、愉快的工作环境，期望上司能给自己明确的工作指示，同时也期望上司是自己坚强的后盾。这样，其实就是一种推卸责任的表现，因为责任属于上司，即使自己工作出现纰漏，上司和自己站在同一条船上共同承担责任。这种看起来似乎是人之常情的思想，会严重地影响一个人的敬业程度，可是这种情况却存在于职场中。

我在书上看到这样一句话：责任和财富挂钩。

书里所说的财富不单纯是指物质财富，还包含很多潜性的因素，这些因素影响着人的一生。的确，不能勇于承担责任的人只能是上司的附属物，这样的人表现为工作能力弱，不能对工作完全地投入。

我不愿意做一个对工作不负责任的人。勇于承担责任能让我胜任需要独立自主完成的工作，在一般的看法中，编辑助理这个职位就是编辑的附属产品，可我不这么看，虽然我在协助老林工作，但我的工作任务是独立的，所以，我的责任也是独立的，对自己的工作也就应该全全负起责任。

琦金国际文化公司注重于开发每一个员工的才智，而且，每一个员工也一样需要发挥自己的能力。这样的结果就是每一个人都应该负起自己的职责，对自己的工作负责就是发挥能力的过程，也就是收获财富的过程。

责任就是工作的原动力，责任多一分，意味着工作多一些，这是一个因果关系。如果，采取“短视”来面对责任，自然就不愿意多做一点工作，不愿意把工作做好，总认为多做些工作就吃了大亏，其实不然，多一点责任，多做一些工作，自己就有了更多锻炼的机会，也就能学到更多的知识和技能。往往我们处理问题的能力、随机应变的能力、应对压力的能力都是在不断实践中收获的，假如拒绝锻炼，那么，怎样提高呢？

我还读了一个这样的故事：

丽萨还是学生的时候，通过学校的推荐，她就去了一家跨国公司的中国分公司见习。英语能力出色的丽萨负责翻译英语文件，包括一些公司相关资料以及客户信件。这对于丽萨来讲是一件很轻松的工作，她非常认真地完成了自己的任务。

一次，公司一位董事急匆匆地在寻找一份信件。负责整理信件的同事正好去吃午饭，按理说，这并不是丽萨的职责，可是丽萨说：“我来帮您找信件，找到后立刻送到您的办公室。”董事显然还有其他重要的事情处理，他很乐意地接受了丽萨的帮助。

一个月后，丽萨完成了见习回到学校。毕业前夕，丽萨接到学校的通知，她被那家跨国公司的中国分公司录用了，理由并不是丽萨出色的英语水平，而是她乐意多负一些责任的工作态度。

目前，我做得还远远不够，能承担责任其实是一个很好的锻炼机会。有时候，我知道自己心里总有一个追求“公平”的因素作怪，这种因素限制着自己的行动。其实，好好想想，多承担一份责任并不意味着吃了大亏，把这个过程想得平常一些，想着只要我能，我就承担起来，有什么不可以呢？是的，我一定这样要求自己，让自己多承担一分责任。

终于理解“多一分责任，多一分财富”的含义，当我的胸中豁然开朗后，我懂得每一天的成长和心得都是一种财富，一种收获。世界上的每一种收获都需要承担不同程度、不同类型的责任，当责任迎头而来时，应该毫不犹豫地承担起来。其实，主动承担更多的责任就是优秀的标志，谁不希望自己是人群中出类拔萃的那一个，要想出色，就不要拒绝责任。当我把主动多做一些工作变成自己的习惯时，我就能抓住更多的机会！

把职业当成事业一样去做

经过这一段时间的工作，我从一个学生转变成了一个公司职员，但一直沉浸在接受新挑战的这一系列变化中，还没有好好想过自己未来的职业生涯。

在学校里熟知的一些师哥师姐频频地更换工作，短短两年时间，漂泊的心无法安定下来。目睹他们的状态后，我这样问自己：我对工作有很强的责任心，可是，怎样保持这种状态呢？

我找到答案了，就是把自己的职业当成事业一样对待。努力工作所带来的成就感会立刻将我们生活中的不如意一扫而空，工作越认真的人也就是越充实的人，充实的人就是积极的人。事实上，很多成功的人就是在自己所从事的工作中创立起了自己的事业，因为他们从一开始就把自己的工作当成事业一般对待。只有这样，才能保持一种对工作负责到底的激情。被众多人崇拜的比尔·盖茨强调他心目中的最佳员工应该具备这样的素质：一个优秀的员工应该对自己的工作满怀热情，当他对客户介绍本公司的产品时，应该有一种传道士般的狂热！

我想在这个行业里打下一点基础，就不能重蹈师兄师姐的覆辙，我要从我的第一份工作开始，给自己奠定基础，培养起自己的资源，这份工作就是我事业的起步。我确信这样的理念会让我更加积极起来，就像有一股新鲜的血液一样能使人沸腾。

不能否认的是，我和其他任何人一样，期望自己有更广阔的发展，拥有这种思想并不是可耻的，因为我们每一个人都有追求美好生活和实现自我价值的愿望，但是，目的是永无止境的，所以，对待工作的激情和责任也应该是永无止境的。不要抱怨自己没有条件实现自己的理想，如果能从手中的工作做起，把工作当成事业的起点，激发出来的热情会让我们更加认真地对待工作。

电视里曾宣传过被誉为“蓝领专家”的孔祥瑞的事迹：

孔祥瑞是一名普通的码头工人，却拥有两项国家专利和一百多项技术创新。一位仅有初中学历的普通工人，34年来居然为企业创造效益8400多万元。他在为企业创出经济效益的同时，也使他所在部门的机械设备使用管理跨入同行业全国领先、世界一流的水平。

2006年底，孔祥瑞成为感动中国2006年的候选人。他怎样创造出这样的奇迹呢？因为他是一个用自己最大的努力把工作做好的人，他一门心思地钻研工作，被称为“蓝领专家”。

出生于天津的孔祥瑞从1972年参加工作后，就一直兢兢业业，并用他的努力创造了一个又一个辉煌。在天津港码头高大的设备面前，身材高大的孔祥瑞显得矮小，但正是这个貌不惊人的码头工人，却让眼前的这些高大设备服服帖帖、正常运转。

码头上所有的货物都通过一些现代化的传输设备来运转，系统中的一条皮带是设备的整个供电中枢，里面有六千伏的高压电缆，设备所用的动力靠它供电。可是，冬天下雪时，因为冻冰的关系，很多地方就会出现问题，电缆保护不了，这样，孔祥瑞研究出一个新技术，利用两个压轮的设计，解决了这个问题，从而避免很多重大事故的发生，他的这项新技术获得了国家专利。

我不得不佩服这个普通的码头工人，他只有初中学历，却培训出很多大学生骨干。

其实，他初中毕业时，尽管成绩优秀，因为家庭经济的压力不能继续上学，被分配到天津港，那时叫塘沽新港。当时的天津港设备和条件都不好，在那样艰苦的条件下，孔祥瑞认识到即使将来调换工作，也一定要有扎实的技术，学习好技术是自己的本事，否则到哪里都不行。就这样，他的专业技能一年胜似一年，他所在的团队在他的带领下，创造了一个又一个的辉煌。一名普通的工人，只要有自己独特的技能和专长，那就是成功的。1994年以来，他9次被评为天津市“八五”、“九五”、“十五”立功先进个人；先后荣获1998年度天津市劳动模范、2000年度天津市特等劳动模范、2001年全国“五一”劳动奖章、2005年度全国劳动模范、2006年度全国优秀共产党员等称号。

事实就摆在眼前，只要能一心一意地扑在自己的工作上，必然能做出一番成绩。更何况，一直以来我就想在编辑领域里有所发展，我有足够的理由全心全意地对待工作，我有足够的理由让自己更加努力。

行动与思考：

1. 感觉到工作很疲惫时，坚持下去的信念就是责任心。

____

2. 想象一下，如果你是公司老板，希望员工怎样工作。

____

3. 看看那些不负责任带来的灾祸，你会相信责任是不容忽视的。

____

4. 不希望别人用鄙视的眼光看你，那就最好负起该负的责任来。

____

第三节 服从上司

以道德底线为标准，服从自己的上司，这代表着认同并欣赏上司。

服从能提高自己的执行力

服从上司安排的任务，这是一个优秀员工需要具备的素质，也可以说是一种美德。因为不服从上司安排的员工，执行能力就差。公司中的战略和设想都是依靠执行力去实现的，假若不能有效地执行，任何目标都将成为泡影。

作为员工，应该学会如何服从于自己的上司。我虽然入职时间不长，但却听说了职场中广泛传播的西点军规。在西点，每一个学员都视服从为美德。每一个学员都必须服从上级下达的命令，这是执行任务的第一步。

当学员对待上级的问话时只有简单的四种回答："报告长官，是"、"报告长官。不是"、"报告长官，没有借口"、"报告长官，我不知道"。就是这样的回答充分地展现了服从的魅力。

服从能充分地调动起一个人的积极性，这是高效执行力的一个标志。为了使自己能高效执行上司的决定，我要学会服从。

服从的本质是无条件地遵从上级的指示，对于这一点，我认为程度过大。我要服从上司，但不是盲目的、愚蠢的。因为不论做什么事情，我都有一个最起码的道德底线和价值观，这是一种基础，如果脱离了道德底线，那就是愚蠢的服从。不动脑的服从是被动的，我要自动自发地主动去服从，这是自信的，发自内心的相信自己能圆满地完成任务，而不是来自他人的压力。

所以，我认为最好的服从就是在道德底线的基础上执行。每个人都有自己独立的判断力和思维能力，但是，不能主观地认为上司的决定是错误的，就不去执行。所以，客观地看待命令的正确性是服从的前提。服从者应该放弃个人主见，一心一意地服从其上司的指令。一般来说，上司做出一个决定和命令都是有把握的，自己的权限和集体的权限有多大都应该清楚，该服从时就服从。这样才能更进一步地认识到所在企业和团队的价值理念、运行模式。如果随心所欲地处理问题，不听从上级领导的指派，将不利于公司的整体发展，也将不利于个人的发展。

学会服从就相当于给自己增加了竞争的砝码。我在一个白手起家的中年领导那里听到过这样的话："我艰苦创业，终于建立起一个中等规模的公司。通过十多年的管理经验，我总结出一套公司稳步发展的理念，其中很重要的一点就是能有效执行领导的命令。对于那些懂得服从的员工，我都会格外地关注他们，因为他们有了服从的美德，如果其他能力也同样出色，我会毫不犹豫地提拔他们。现在，在我的公司，已经形成了这种良好的风气。我确信，这对于公司整体发展起到了关键作用。"

我和老林都是直截了当的人。他会直截了当地告诉我他的决定或命令，而我也会直截了当地接受他的指派，我们的关系在这种直截了当中显得更加坚固。

老林通常会这样对我说："家明，有活干了。我下午要和对方当事人编辑见面，你去把相关的材料给我准备好，咱们不打无准备的仗。"

这时，我会立刻放下手中的工作，着手处理老林给我的新任务，然后风风火火地去办理事情。不管跑外勤还是在琦金国际文化公司处理文件，我总是不打一点折扣地把任务办好。

很多时候，我想如果我是一个士兵，绝对也会是一个好士兵。

有时候，我在服从命令时，也存在着一些疑虑，但是，有一条我很注意，就是先接受命令，然后立即行动，并找机会和老林沟通，互相交流一下各自的想法。因为我知道，作为一个职场新人来说，很多职场规律我没有经验，而且业务方面更加需要提高，所以，一定要谦虚地向老同志学习经验，这样才能在服从命令中不断进步。而且，我认为，即使有多年的从业经验，也应该执行上级下达的命令，不能把命令主观化。有疑问可以进行交流和沟通，但不能推卸任务，不执行命令是任何一个领导都不愿意看到的。

还有一点，我认为自己做得不错，那就是随命令而动。这种态度也是服从的一个特性，既然接受了命令，就一定要立即行动。每一个环节的即令即动都使得任务能在第一时间高效地完成。

服从是对上司最好的赞美

每一个上司都有其值得赞美的地方，上司能够成为领导，必然有其过人之处，有时候，我们不禁想去赞美上司。懂得赞美别人也是一种美德，若我们具备欣赏别人优点的能力，这种能力会让我们从他人身上有所收益。可是，“恭敬不如从命”，谦虚地接受领导的安排就是对他的一种最好赞美。

当想到老林的种种优点时，我就忍不住想去赞扬他。不过，如果好话说多了，即便是出于真心的赞美，也会显得那么做作和虚伪。所以，我对老林赞美的方式就是服从于他的安排。我的做法显然受到了老林的认同，当看到我对他所下的命令毫不犹豫地去执行时，他很高兴。

今天，老林很幽默地问我：“家明，看来在你心中，我这个领导还不错喽？”

既然老林这么幽默，我也毫不示弱，答道：“那当然了。否则像我这么优秀的员工怎能安心听你的调遣。”

我和老林互相看着对方，好像在进行眼神交流一般，居然异口同声地说：“咱俩都是最佳搭档。”

在场的其他同事都大笑了：“这师徒俩，居然这么夸自己。看来林氏工作作风里又该加上一条：有严重的自我欣赏趋向。”说罢，同事们又哈哈大笑了。

虽然我们在制造愉快的工作氛围，但是，不得不承认的是，我欣赏老林，所以，对他的命令绝对地服从。这种“以服从来赞美上司”的行动源于以下这个故事对我的启发。

登基后的刘秀一直发愁一件事：更始帝的手下郾王尹尊等将领在南方把守拒不投降。

为了让百姓安居乐业，应该营造一个和平的环境，只有完成一统大业才能实现目的，于是，刘秀思虑再三决定要消灭这些拒不投降的将领。当他把想法告诉大臣时，他们纷纷表示一统是非常必要的，对刘秀的想法表示赞同。

刘秀得到大臣们的赞同后，更加有信心完成一统。可是，他召集群臣商议对策时，众将都不愿意出主意，更不愿意去征讨。刘秀对这样的情况很是不满和疑惑，他奇怪为什么大臣们都称赞自己有远见卓识，可现在为什么没有人愿意去执行这个决定。

最后，刘秀敲着木简问道：“郾的势力最强，宛在其次，谁愿意前去征讨？”

朝堂之上，只有贾复应道：“臣愿前往讨伐郾王。”

刘秀终于开怀大笑了，说：“有贾复讨伐郾王，我没有什么可担心的。”

等到后来评功论赏时，贾复依然是一声不吭。可是，刘秀知道贾复的功劳。

当初，贾复没有对刘秀的一统计划赞不绝口，但却用行动证明了对刘秀的赞美。

所以，对上司决策的赞美莫过于服从他所下的命令。称赞上司未必需要甜言蜜语，作为下属，不能成为一个语言上的巨人、行动上的矮子。即使用最华丽的赞美语言，如果不去执行上司的命令，就不能确定语言的真实性。赞美是需要用行动来贯彻的，使领导的权威和威信得到认可和维护的行为就是执行上司的决定。毋庸置疑，这样的赞美方式是领导最喜欢的赞美。

当然了，所有服从的基础都应该建立在基本道德准则之上。超乎了最起码的社会道德规范的服从是盲目的，也是愚蠢的。

有时候，领导也会犯错，如果说在工作中遇到领导向你下达不该执行的错误命令，如果让你撒谎，这时，就要分清这个谎言的轻重，它既不能对别人没有造成伤害，也不会违背道德规范。服从并不是愚忠，要懂得动脑子，不能惟命是从，要分清楚事情的实质是否违背了道德的底线。如果领导让员工撒个弥天大谎，而且还涉及道德或者犯罪，这时就要睁大眼睛，分辩清楚了，无论领导怎样威逼利诱，都不能屈从。可以适当地委婉地提醒领导这样做的危害，假如他还是执迷不悟，那也不能同流合污。如果怕失去工作而存着侥幸心理去做，事情一旦暴露，既害了人也害了己，俗话说：想要人不知，除非己莫为。况且，这样不讲究诚信的领导往往在事发后都以丢军保帅来保全自己，反过来把事情全盘推到你身上。我虽然没有这样的烦恼，老林是一个正直的好上司。但是，我不会忘了提醒自己，服从是应该的，可是，聪明的人知道不能盲目服从。

服从是一箭双雕的好事

能服从于上司的员工得到上司的信任，不仅是依靠服从能让上司感觉到了赞美，还有更为重要的就是这对于维护领导的权威起到了最为重要和直观的作用。

尽管我和老林之间经常开玩笑，但是，老林在琦金国际文化公司的威信是不可撼动的。没有人认为老林管理不了自己的下属，因为我对老林的服从是老林维护威信和权威的一个因素。

决定领导在公司中的威信有多方面的因素，下属的服从也是其中之一。作为下属，我不去思考上司用什么方法来维护自己的威信，但是，我服从于他的命令是我的职责，我必须这样做。如果从私心的角度说，我在完成自己职责的同时，也因此得到了领导的信任，就会有更多的机会。

其实，很多事情都是这样的，不是重要的目标，但却在实现其他目标时一并实现了这个目标。就像服从于老板是自己的职责，把工作做好是重要的目标，在实现这个目标时，自然也因此得到老板的青睐。这难到不是一箭双雕么?

想到这里，我笑了。苦苦去追寻物质报酬反而一无所获，如果放轻松，把报酬看淡，去努力实现自己的价值时，报酬自然会水涨船高。我能提前结束试用期，正式成为琦金国际文化公司的职员就是这样的一个过程。我并没有想到要让自己提前成为琦金国际文化公司的正式员工，只是不断地要求自己做好工作，结果，却得到了意外，但是，这也可以说意料之中的惊喜。

的确，如果站在一个领导者的角度，下属的服从是维护威信和权威的方式。这样的员工上司怎么会不喜欢呢？想想那些想通过奉承的方式使得自己得到领导青睐的人，为什么不能采取两全其美的方法呢？任何事情，都是付出了才有回报，而且，还要选择最为恰当的付出方式，奉承可不能算是一种付出。

越是困境越需要服从。服从于自己的上司并不是面子问题，如果认为服从是一件没有面子的事情，那就大错特错了。我服从老林的命令，我认为这样是我的一个职责，我不认为这样做会有损自己的形象，恰恰相反，这样的态度表现了我的高度敬业精神。面对上级，就应该是这样的态度。有的人可能认为当上级过来交代任务时，不是一次就把事情做了，而是这样说："我现在很忙，先放着吧。"认为自己立即服从就会显得自己不权威、不繁忙。其实，这和面子问题并没有关系。好面子不去执行往往就会延误工作，上级一旦安排了工作，就应该服从。

多数老板都这样看待服从：

公司中的所有员工能把"服从"作为自己的理念，这对于公司非常有价值。服从确保了每个人能各司其职、各就其位。对于企业的凝聚力也起到了重要作用，当上级在公司中有威信时，也就增强了成员间的团结。

军队的服从和企业的服从在本质上是一样的，可是程度上却不一样。我知道，军队中领导具有至高的权威也是由于士兵对领导的绝对服从，权威一旦形成后，对于整个集体的正面影响是积极的。企业也一样，我不能想象一个对上级的命令不服从的集体怎样发展下去，领导没有权威，员工办事拖延，这样的工作气氛让企业中的每一个人看不到生机。如果企业中存在着政令不通的现象，很多商战和管理者的智慧、经验将因此而宣告失败。这样的结果对集体中的任何人都是不利的，每个人都需要企业盈利才能生存和继续发展，假若因为不服从领导的决定而丧失了先机，岂不是搬起石头砸自己的脚。

我想到了自己和老林的关系，的确，我们合作得非常默契，我能让老林的想法和命令最快地得到实施，他也尽可能地帮助和引导我尽快适应职场中的规律。任何和谐关系的形成都是互相的，虽然只有短短的一个多月，但我们都努力了，从而形成了一个坚固的战斗组合。这对于我和老林都是有益的，我们所组成的团队工作是高效和及时的，当然工作成绩也是优秀的。

行动与思考：

1. 先认识一下服从的种种优点，你会发现服从并不是一件丢人的事，因为职场上的服从并不是盲从，所以，并不丢人。

---

2. 假如你平时行动拖沓、缓慢，不妨从现在开始，学会服从，一段时间后，你会发现情况有所好转。

---

3. 如果你的下属不服从你下达的命令，你会是什么感受。

---

4. 假如你的上司没有威信，那么，请相信，老板不会因此而器重你。

第三章
改变观念

第一节 视工作为天职

工作是都不能逃避的一种个人责任和社会责任，它是天职，不能转嫁，也不能推卸。我们唯一能做的就是以最神圣的态度来对待它，让钢铁一般的信念支撑着自己不断向前。

不要拒绝自己的职责

今天，我收到了一个朋友从城市的另外一边给我寄来的快递，是一本关于职场的图书，我莞尔一笑，朋友竟然如此体贴，知道刚刚踏入职场的我需要一些指导。于是，我迫不及待地翻开那本书。

尽管我对于自己的工作状态有一些计划，但还是扫视了一遍目录，想看看书中有没有自己值得学习的内容，图书的第一章是"工作就是我们的天职"。书中这样写道：

"在人们的潜意识里，猫的天职就是抓老鼠，狗的天职就是看门护院，的确，每一个物种都有自己的职能，我们有不可推卸的天职，就是工作。即使人们存活于世的意义是多样的，但是，社会的进步和发展是建立在每个人辛勤的工作上，作为世界的每一个个体，任何人都有义务凭借着自己的潜能为推动社会的进步做出努力，否则，生命将失去意义和光彩。"

当看到这里时，我不由得思考起来，在这之前，我没有考虑过这样的问题。离开校园以前，我只知道自己作为学生的职责就是把学习搞好，毕业以后就必须工作赚钱，如此不仅能减轻父母的负担，还是自己成熟的标志。仔细想来，我给工作界定的意义并不全面，工作除了是人们安身立命的基础，还是推动社会发展的基本，一直以来，我忽略了工作的这一层意义，是的，工作是我们的天职，作为一个个体，我们怎么能够推卸自己的职责。

也可以这样说，工作就是我们的使命，使者所奉之命乃使命，工作就是我们分内应该做的事情，如果一个人具有强烈的使命感，就能促使他的行动趋于主动，这是一种推动力。

一个哲学家路过一个工地时，看见路边有3个正在干活的工人。3个人虽然同为工人，工作时的举止神态却是一眼就能分辨出来谁是最优秀的。哲学家询问了他们同样的一个问题。

“请问您在做什么？”

其中，第一个工人看见有人和他搭话，显得非常不耐烦，他认为自己已经够忙了，这个人怎么这么不知趣，他头也不抬，没好气地说：“你不是看见了么，我正在用石头砌墙，这些石头又重又硬，这简直就是一件该死的工作。”

第二个工人的态度稍稍好一些，他这样答道：“我是一名工人，在这里砌墙，这份工作真是又苦又累，要不是为了养活一家老小，我才不愿意顶着烈日在这里受罪。”

当问到第三个工人时，他愉快地对哲学家说：“这里要建一座美丽的教堂，我在砌墙，不久之后就快落成了。那时，这里将是本城最漂亮的地方，而且每天都会有很多基督徒来教堂祈祷，想到我的工作将会给别人带来快乐，我也觉得自己的工作很有意义。”

故事看到这里时，我联想到了自己的工作，我的工作尽管普通，但却是值得我用心去做的，想着因为我的努力工作将会使得很多人从中受益，因为每个案子都是由许多细小的环节组成，尽管我不是直接受理案件的编辑，身为编辑助手，需要做的事情也很多，每一件小事都值得自己去努力完成，这难道不是一种工作的最高境界么？

工作就是自己的一种使命，既然接受了工作，也就是接受了工作赋予自己的使命，从这个方面来说，我们怎么能够无视使命的存在。不论在什么岗位、什么领域，都应该有强烈的工作使命感，一个人是否具有使命感也能够看出他有多大的志向，一个没有抱负和志向的员工不可能成为一个好员工。使命感可以极大地调动人的积极性，同时还可以增强对工作的责任感。一个人内心世界的变化决定了他的行为取向，确定自己的使命不是写在纸张或者是挂在嘴边的，是内心里对这件事情的认定，也只有这样，才能把注意力集中所赋予使命的工作上，在付诸行动时可以让人觉得自己的使命更为清晰、更为具体。

一般来说，只要一个人对于自己的工作高度重视起来，对行动的重要性有所认识，对一定事物指向和集中的能力就会比较好一些，在一定时间内，比较稳定地把注意力集中于某一特定的对象与活动的能力，这需要有自我控制能力。事实上，不管做什么事，只有保持注意力，聚精会神，才能事半功倍。

每个人对于自己的工作追求都是不一样的，每人的能量和时间都是有限的，抛开你是为了财富而工作，还是为地位而工作，还是为精神追求而工作，或是为了工作而工作，只有视工作为自己的使命，才能积聚出一股强大的力量以让自己奋斗不息。

所有正当的工作都值得我们尊重

对于绝大部分人来说，从事的都是普通的工作。社会的多样性说明并不是那些看似闪耀的职位才是神圣的，可以这样说，所有正当的工作都是神圣的。

如果非要区分工作带来的不同，那就是一个人的工作态度的不同。了解一个人的工作态度后，也就相当于了解了这个人。有人说字如其人或文如其人都有一定的道理。懂得尊重工作的人，视工作为神圣的人，也必将是一个受人尊敬的、值得信任的人。正当的工作代表着一个人需要用自己的双手创造有利的价值，在他沉迷于自己的职责时，邪恶不能侵入。

有人做了一个形象的比喻，一个人的职业好比是这个人本身的雕塑一样，如果是丑恶的，说明这个人创造了丑恶，如果是美丽的，则说明这个人创造了美丽。

工作对于每个人来说，都是一样的，关键在于做工作的人给它赋予了什么样的内容，所以，工作的神圣性需要从业者自己来把握。

当我从上学时接触到编辑专业开始，我就被赋予了一种使命，这种神圣的使命已经注定，但却需要自己去实现。

任何事情实现的主体都是人，我对于工作的认知也一样，琦金国际文化公司给了我职业生涯的第一份工作，也就相当于给了我一个机会。实际上，人生最宝贵的不是机会，而是把握机会的能力。著名顾问管理专家威迪·斯太尔在为《华盛顿邮报》撰写的专栏中曾经说道："每个人都被赋予了工作的权利，一个人对待工作的态度决定了这个人对待生命的态度，工作是人的天职，是人类共同拥有和崇尚的一种精神。当我们把工作当成一项使命时，就能从中学到更多的知识，积累更多的经验，就能从全身心投入工作的过程中找到快乐，实现人生的价值。这种工作态度或许不会有立竿见影的效果，但可以肯定的是，当'轻视工作'成为一种习惯时，其结果可想而知。工作上的日渐平庸虽然表面看起来只是损失一些金钱或时间，但是对你的人生将留下无法挽回的遗憾。"

在别人眼中，编辑助理并不是一个闪耀的职位，可对于我而言，它不仅意味着我的第一份工作，也是我对待职业生涯的态度以及应该遵循的原则。这个职位的存在，也就是说明它的必要性，如果轻视它，就是轻视自己。

有一个发生在美国纽约曼哈顿的故事：

在美国著名企业"巨象集团"总部大厦楼下的花园里，有一位40多岁的中年女人领着一个小男孩走进来，坐在了长椅上。她看起来似乎对那个男孩很生气，不停地在说着什么。

离他们不远的地方有一位头发花白的老人正在修剪灌木。突然，中年女人从挎包里揪出一团卫生纸，一甩手将它抛到老人刚剪过的灌木上。老人诧异地看了一眼中年女人，什么话也没说走过去把纸扔进了垃圾筐。中年女人却看起来却满不在乎的样子。

过了一会儿，中年女人又揪出一团卫生纸扔了过来。老人再次把纸扔进垃圾筐，然而，老人刚回到原位拿起剪刀，第三团卫生纸又落在了他眼前的灌木上……一会儿功夫，老人一连捡了那中年女人扔的六七团纸，但他始终没有露出不满和厌烦的神情。

“你看见了吧！”中年女人指了指修剪灌木的老人对男孩说：“我希望你明白，你如果现在不好好上学，将来就跟他一样没出息，只能做这些卑微低贱的工作！”

老人听见这话，放下剪刀走过来，对中年女人说：“夫人，这里是集团的私家花园，按规定只有集团员工才能进来。”

“那当然，我是‘巨象集团’所属一家公司的部门经理，就在这座大厦里工作！”中年女人骄傲地说着并掏出一张证件朝老人晃了晃。

“我能借用一下你的电话么？”

中年女人非常不情愿地把手机递给老人，同时对男孩说：“你看这些穷人，这么大年纪了连手机也买不起。你今后一定要努力啊！”

老人很快地打完电话后，一名男子匆匆走过来，女人认识那个男子，他是巨象集团主管任免各级员工的一个高级职员。男子恭敬地站在老人面前，老人对他说：“我现在提议免去这位女士在‘巨象集团’的职务！”“好的。”男子答道。

老人说完走向那个男孩说：“我希望你明白，在这世界上最重要的，是要学会尊重每一个人和每一份工作……”说完，老人撇下3人缓缓而去。

中年女人大惑不解地问那位男子。

男子说：“他是集团总裁詹姆斯先生。”

这个故事表面上看是在教育人们要尊重人，可是，有时候轻视一个人是因为轻视他的工作。其实，每一个人，每一份工作都是我们必须尊重的，不能因为所在的工作岗位平凡，就可以随意践踏别人。对自己也是一样，不要以为自己的职业比别人高贵多少，或者比别人低贱多少。因为觉得工作高贵，是在践踏别人，这样的人会遭到别人的轻视，不是轻视工作，是轻视为人。如果觉得工作比别人低贱，那就是自己在践踏自己，连自己都轻视自己，这样的人，别人会更轻视。

工作给予人很多精神以及物质的财富，它伴随着我们一起成长，假如想要有所建树，必定从尊重自己的工作开始。每个工作阶段对于工作的定义也都会有不同层面的理解，怎样让自己每天都活得精彩，就从认真对待工作开始。仔细观察那些严肃对待工作的人，我发现，在他们心中，工作象征着尊严，工作使人更加理解了人生所赋予的使命，这种使命是促使人们奋斗不息的源泉，当人一旦有了这样的精神，表现在工作中就是一丝不苟，竭尽全力做好每一件事情，在自己从事的领域中取得成就。

信念铸造未来

一个人假如没有一种信念支撑，必然不能源源不断地积聚出前进的动力。我们看过很多人为了实现某一个目的，受尽百般苦难，但却始终没有倒下，就是因为他们有着一股强劲的信念，也正是这种有如脊柱一般的信念让人坚强。工作使命也同样就是人们打倒困难和战胜懦弱的信念，可以这么说，信念就是前进的力量。

记得石油大王洛克菲勒曾经说过这样的话："从贫穷通往富裕的道路永远是畅通的，重要的是你要坚信：我就是最大的资本。你要锻炼信念，不停地探究迟疑的原因，直到信念取代了怀疑。你要知道，你自己不相信的事，你就无法达成，信念是带你前进的力量。"

洛克菲勒的成功也是由于有一种信念的支撑。15岁的洛克菲勒在同学眼里是一个严肃认真、沉默寡言、不喜欢打闹的学生。孤僻的他却有一个好朋友马克·汉纳，这个人后来成为铁路、矿业和银行三方面的大实业家。

有一次，汉纳问洛克菲勒："约翰，你打算今后挣多少钱？"

洛克菲勒答："10万美元。"

这个回答大大出乎汉纳的预料，因为当时的美国只要拥有1万美元就已经成为富翁，汉纳的目标是5万美元。

洛克菲勒的回答遭到了同学们的嘲笑，但是，他认为，这就是他的信心，也是一种信念，他坚信“坚定不移的信心足可以移山。”

无论做任何事情，如果有坚定的信念，便拥有一种成功的勇气。我和任何人一样，想要在自己的工作岗位上做出成绩，这是无可厚非的。那么，为什么要以信念来支撑自己呢？我的信念又是什么呢？

当我想到这些时，我知道，自己的信念就是以后能做一名出色的编辑，对于一个编辑从业者来说，用自己的力量去帮助别人解决困惑，用自己的专业技能帮助别人打赢官司，这就是我的信念，也是一个编辑工作者应该拥有的信念。当然了，至于利益方面的问题，这是非常明确的，我相信自己努力工作的结果必然会得到相应的报酬。

信念是否能够支撑我们获得胜利，相信每一个人都会有体验，不论面对什么样的困难，人如果没有坚定的信念，很快就会被打倒。人要有“精、气、神”，也正是说明一个人的力量更多的是来源于内心一种强大的动力，并不取决于外在的气力，内心无比坚强的人才是最有力量的。

中国文坛上闪亮的明星苏轼，以他杰出的文学成就让我们为之倾倒。千年后的今天，他依然成为我们学习的楷模。

出身于四川眉山书香门第之家的苏轼自幼就表现出了与众不同的聪颖才华，10岁时就能写出优秀的文章，13岁就能修改老师赋的诗句，老师刘巨都说不敢做他的老师。

苏轼在文学创作上的卓越表现使得他名满天下，然而，文采出众的他还是一位杰出的政治家。在他做过官的地方，为百姓做了很多好事，深受地方百姓的爱戴。

一直以来，是怎样的信念让这颗文坛巨星不屈不挠。原来，10岁时，母亲给他讲了《后汉书》中范滂的故事。范滂冒着生命危险不惜向皇上举荐不良官员的行为让小小年纪的苏轼下定一个决心：一定要成为范滂那样的人。母亲看到这个孩子的坚定，也激动地说："你有志气做一个范滂那样的人，我难道没有勇气做一个像范滂母亲一样深明大义的人吗？"

正是这样一个年少时的信念，支撑着苏轼在遭到迫害、排挤时坚持己见，甚至晚年漂泊于广东、海南等当时中国的偏弊之地，也没有忘记自己的信念，那就是以高尚的品格作为自己做官的向导。

读到苏轼时，耳边似乎回响起林俊杰的一首歌《一千年以后》，是的，如果一个人以信念支撑着自己，以使命鞭策着自己，即便遇到更加猛烈的险阻，也绝不畏缩，这样的人就是千年之后依然闪烁的人，我不妨改一下歌词："一千年以后，世界早已没有你，但是你却让人为之震撼。"

身为普通人，洛克菲勒和苏轼对于我来说都是望尘莫及的，但是，一个人即便再普通，也应该有自己的信念，工作带来的不能推卸的使命使得每一个普通的人都应该用信念武装自己，让自己的内心无比坚强，当一个人把自己的工作赋予使命，并有强烈的信念支撑后，

如同被赋予了一种强大的力量，这种力量就是战胜困难的勇气和动力。

行动与思考：

1. 当你不想面对工作时，设想一下，如果不工作，你将失去多少可以为社会创造价值的机会。

____

2. 日复一日的工作让你身心疲惫时，想象一下工作给自己带来了哪些好处。

____

3. 工作中遭遇到一系列的挫折，不论是何事，都要按照自己最真挚的信念行事。

____

4. 工作的严酷性让你产生动摇，想要放弃工作赋予自己的使命时，试图找出一个最闪耀的工作成果来勉励自己。

____

第二节 不要单兵作战

在工作中学会与同事有效的协作，它贯穿在社会劳动中的每一个行业，当人们为了同一个目的走到一起时，就意味着团队中的所有人都有一个共同的敌人，大家应该齐心协力去应对工作中的每一个困难。如果崇尚个人英雄主义的单兵作战，将会失去别人强有力的帮助，并且失去几分获取胜利的契机。

与同事协作

很小的时候，我们就时常听人们说：三个臭皮匠，顶个诸葛亮。这句俗语看似简单，理解深刻和宽泛一些，我们就能看出这个世界人类的一个生存现象：群居。

理由也很简单，只有群居才能集合更大的力量打败敌人。

那么，工作中又如何呢？

显而易见，工作中的人们也无法打破这个规律，或者说正是依靠这个规律才获得了更多的胜利。社会劳动中每一份工作都是由人来执导的，没有一个胜利是哪个人单兵作战的结果，协作的社会不是让我们贬低个人能力，而是以铁一般的事实告诉我们：善于利用别人的力量是一种生存规律，也是长久以来一种普遍熟知的伟大的智慧。

对于团队协作的意义，我从琦金国际文化公司中得到更多的体会，这里，同事之间的频繁合作是默契的。今天，老林告诉我琦金国际文化公司接到一个难度比较大的案子，所里需要两个编辑一起处理这个案子，他需要两个助手帮助他，这也就意味着我将有另外一个协作伙伴，而且我们还有另外的协作伙伴，这是一个5人组成的团队。

另外一位助手很快就到位了，为了让这次的任务顺利开展，他更加希望他的两个助手能默契、愉快的协作，老林和琦金国际文化公司另一个与我们一同办案的编辑给大家上了生动的一课。

的确，为了一个共同的目的，我们走到了一起，当一个人有了合作的精神，那么，也就等于离胜利更近了一步。

这是一个复杂的经济案子，需要多方面的取证和调查，虽然多了一个助手，但是工作量依然很大。为了能够让事情事半功倍地进行，当老林给我们两个助手分配了任务后，我俩又对怎样快速、有效的工作制定了计划。

这让我充分感受到了团队的力量，任何人都生活在一定的社会经济环境中，我们都处在复杂的政治、经济和文化里，在社会潮流中，如果依靠自己一个人的力量前行是非常困难和危险的，船驶八面风，这就在于驾驶的本领，如果能善于运用别人的力量，把驶向同一方向的人们集结起来，与他人有效的协作，就会更加具有胜算的可能和把握。

协作在社会中无处不在，社会职务中，有很多人的工作都是必须具备顽强的团队合作力，这就能解释当初我刚来琦金国际文化公司面试时，人事部招聘经理一直询问我对团队成员间协作的理解和认识。不可否认，现在很多企业招聘和培训员工时，都非常看重对员工团队精神的考察和培养，这不是空悬来风没有由头的条件，因为团队成员间的相互协作能最大化地推动工作的进展，一个人能够凭着自己的能力取得一定的成就，然而，假若把自己的能力和他人的能力结合起来，就会有意想不到的收获。

记得有这样一个小故事：一个学者为了考验团队成员间的合作能力，让几个小孩来玩一个游戏。瓶中有三个气球，代表了三个人，假如很快就要发生水灾，需要三个人迅速逃出瓶外，但瓶口只能供一个人出来。时间非常紧迫，玩这个游戏的三个小孩依次在三秒逃了出来，顺利完成游戏。学者不禁惊叹，“你们是把这个游戏玩得最好的人！”

俗话说：人心齐，泰山移。如同蚂蚁一样，每当遭遇毁灭性的打击时，不论是森林大火还是汹涌的洪水，它们都会迅速地抱成一团滚动转移。虽然在转移过程中，最外面的蚂蚁受到最大的威胁，内层的蚂蚁却很安全。它们正是靠着这种团结齐心的互助精神在一次次的灾难中继续生存和繁衍。

团队成员间只有拥有这种力量，和谐的联合和自己协作的人，发挥出每个人的力量，不论在任何行业，这样的团队协作精神都是值得我们重视的。

两根筷子所能承受的力量会比它们独自承受的力量之和要大，也就是1+1＞2这样一个规律，这是一种劳动纪律。

我告诉自己，一定要和另外一名助手顺利地协作，为了我们共同的目标，协助编辑打赢这场官司。

善于与人沟通，避免走弯路

同事之间互相协作的一个重要原则就是学会与人沟通，沟通是一种了解别人工作习惯的最有效手段，也能从中熟悉对方的特点，以利于在合作中充分调动起对方的作用，而且，善于沟通的协作双方能避免工作过程中走弯路。

沟通也可以说是人们得以生存的一种方法，当人们在工作中遭遇到困难时，最大的原因往往源于信息缺乏，而信息的来源一部分需要自身去努力，另一部分则来自同事之间的沟通。

协作双方更是要让沟通成为一种习惯，使得双方都能在对方那里得到最好的信息，避免自己偏离正确之路。沟通还起到了使团队成员之间和谐的作用。现在，我更要学习怎样和同事进行有效的沟通，这样一种工作技能将会对我的整个工作生涯起到举足轻重的作用。

记得银行家摩根也在自己的公司里强调沟通的作用。有一次，他和自己的一位员工谈话，员工这样向他请教："我不喜欢和别人沟通，不喜欢让别人知道我的心事，怎么办？"大银行家摩根遇到这个问题时，顿时语塞，他觉得这是一个多么可怕的问题。

遇到这样的问题的确感到头疼，很多人不愿意向别人吐露心事，这是很正常的事情，可以确定的是，在同事协作中的沟通不需要涉及个人生活，如果不愿意向别人谈及自己的个人的生活，可以避免这个问题，但是，工作中对于任务的沟通却是非常必要的。即使是一个内向的人，也应该让自己适应这种习惯。在这一方面，我并不是做得太好，怎样来改变自己这种状况非常急迫?

作为一个新员工来说，将近一个月的工作似乎不能足够地了解琦金国际文化公司中每一个同事的工作特点和习性。今天上午，老林和张编辑之间发生了一个小小的误会，为此，老林看上去有些闷闷不乐，不过，很快地，他便起身要去张编辑的办公室里沟通一下彼此间的问题，以便了解对方的想法。半个小时后，我看见他喜笑颜开地回来了。沟通，原来是如此重要，不仅能获得信息，而且还是协作者之间一种和谐合作的良药。沟通其实也是团队之间一种默契的基础，默契建立在一种互相了解的基础上，而了解最直接的办法便是经常沟通。

身为新人，沟通更是非常必要，因为相处的时间短，相互之间更是缺乏了解，于是工作沟通非常有必要，新员工要更加主动地和老员工沟通，这样就能从他们那里了解到更多有用的知识，达成共识后，才有利于工作的进展。

《圣经旧约》上这样说：最开始，人类使用的是一种语言。在底格里斯河和幼发拉底河之间人类发现了一片肥沃的土地，他们在那里修了城池，建造了繁华的巴比伦城，并在那里生活下来。生活越来越好后，为了传颂自己的赫赫威名，人们决定修一座通天的高塔。由于所有人语言相通，易于沟通，在他们的同心协力下，通天塔很快地修建到了云层中。上帝得知此事后，看到人们统一起来的力量非常强大，为了阻止人类进入他的领域，上帝于是让人的语言发生混乱，使得人们之间的语言互不相同。于是，人们的交流变得异常困难，在没有交流的情况下，思想很难统一，相互猜疑，各执己见的状况出现在人群中，不久，修建高塔的工程就停滞了。

尽管是一个故事，但故事想要给我们表达的意图非常明确，沟通能让人们更加团结，于是，语言不通的人们千方百计地学习语言，就是为了让沟通没有障碍。

良好地沟通是一门艺术，进行交流沟通是一个双向的过程，不论处于一个什么职位，都能准确传达自己的意图并了解对方的意图，它依赖于行为人抓住听者的注意力和正确地解释自己所掌握的信息。沟通能让人们获取信息并在其指导下更加出色地进行工作，良好的沟通不仅意味着有能力把自己的思想整理得井井有条，并且能进行适当的表述，使别人一听就懂，而且还会深入人心，促使听者全神贯注。同事之间既然没有语言不通的障碍，就应该畅快地进行工作上的沟通，这是一种凝聚团队力量的途径，成员之间充分交流能避免走很多弯路，这对于团队整体和各个成员都是双赢的，既汇聚了经验与知识，还能对相互的工作方法达成一种共识。如何让沟通成为一种有利于工作的方法，怎样创造出互相沟通的途径，这是我应该在每天的工作中学习的。

懂得分享

在一个集体中，懂得分享技能、知识与信息的成员无疑是优秀的。自私并不能让自己成长，只有分享才能不断地产生新的变化。

今天早晨，我在等车时，看到朋友给我寄的书中记载了这样一个故事：

犹太教里有一个规定，信徒在安息日的时候必须静静地休息，不允许从事任何活动，有一位酷爱打高尔夫的犹太教长老，安息日那天球瘾上来了，他不顾规定悄悄溜到高尔夫球场想要挥几杆，他决定只要打九个洞后就回家。

由于安息日时，虔诚的教徒们都没有出门，高尔夫球场上也没有其他人，没有人会看见他违反规定，他更加坚定自己打球的决心。

不巧的是，当他打第二个洞时，天使发现了他，于是，天使生气地跑到上帝那里告状，上帝对天使说，一定要惩罚这个不遵守规定的长老。

这时，长老从第三个洞开始居然打出完美的成绩，几乎全是一杆进洞。等到打第七个洞时，天使还没有看见上帝惩罚长老，她着急地跑到上帝那里询问，结果上帝却笑而不答。

长老顺利打完九个洞后，正在兴奋的他决定再打九个洞。天使看到这样局面，生气地问上帝，到底如何惩罚他，上帝说：“我已经在惩罚他了。”看着长老打完十八个洞，成绩超过任何一位世界级的高尔夫球手，长老非常兴奋。天使接着问上帝：“难道这就是你对他的惩罚？”上帝说：“没错，你想想，他打出这么好的成绩，虽然现在一时高兴，但却不能与别人分享是一件多么痛苦的事情，难道这不是惩罚。”

任何人都一样，需要和周围的人分享自己的快乐和痛苦，有人说:当你把痛苦与人分享时，痛苦就会减少一半，当你把快乐与人分享时，快乐就变成了双份。在工作过程中，学会分享与分担，做到取长补短以及优势互补，和同事一起进步，推动组织获得更高的成就是每个人最好的发展和出路。

团队成员间分享工作心得和经验也能让人的工作心情更加愉快，这有助于让团队之间达成一种和谐，这种和谐对于团队精神具有重要的作用。在与同事分享的时候，能让人真真切切地感受到自己的价值，在互为往来的同时，还能得到更为真切的收获。

有时候，许多东西不是自己与别人分享了，就会失去它，而是只有当与别人分享的时候，你才会让它增值。工作中，那些懂得与人分享的人是最快乐的人，他们在与人分享的时候让快乐蔓延。而那些自私的人却不会快乐，因为，他们除了能够将自己装在心里之外，已经不会让快乐在自己的心里停留了。

石油大王洛克菲勒在经历了财富的聚敛和分散之后，他不无感慨地说：“财富如水。如果是一杯水，你可以喝下去；如果是一桶水，你可以搁在家里；但如果是一个池塘或一条河流，就要学会与人分享。”

工作中一定要以和同事分享工作心得和成果为荣。互联网就是最好的诠释，我们可以站在世界的这头知道世界的另一头瞬间的新闻，我们能快速搜索到对自己有用的信息，而机会就在获取的信息中产生。那么，和同事分享也一样，我们得到快乐的同时，还能将信息共享。

团队成员学会分享具有很强的凝固作用，作为团队中的一员，我有责任维护团队的这种凝聚力，只要是有利于工作的事情，就不应该排斥。在分享中我们进步更快，这是毫无疑问的。分享有利于提高整体的士气，激发组织的潜力，鼓励组织整体持续追求进步，从而也达到了个人进步的速度最大化和收获最大化。

有一个农民因为一次偶然的机会从外地得到一些品种优良的小麦种子，经过他精心种植后，产量大增。

农民喜出望外，但心中不免忧虑，他担心因为自家的丰收使得别家也种上这种小麦。于是，当别人向他询问丰收的情况时，他想方设法保守自己的秘密，不愿意让任何人知道自己丰收的原因。

到了使用这种良种的第三年，他的产量没有增加了，甚至到后来他的小麦产量比别人家的少得多，因为产量减少，病虫增加，他损失严重。邻居也对于他的不幸帮不上忙。不得已，他去城里找到了一位农业专家，把事情的前因后果告诉了专家，专家决定和他回去看看小麦的情况。

原来，良种田周围都是普通的麦田，通过花粉的相互传播，良种发生了变异，品质必然下降。

我们在工作中，一定不要犯类似农民这样的错误，因为担心与别人分享成果，担心别人比自己进步更快而不愿意分享，最后自己的成果也会化为乌有。团体目标的达成过程，就是所有团队成员参与的过程，是一种在共同的目标设定后一起前进的过程，这样的过程，需要分享才能达到双赢。这是一种共同走向胜利的快捷方式，与其一个人单枪匹马，不如让大家共同前进。比起独享来说，分享所带来的积极性和影响更具有意义。

行动与思考：

1. 主动去发现团队中每个人的优点，学习别人的长处。

2. 在自己力所能及的范围内，帮助同事解决一些难题。

3. 当自己被团队中的其他人冷落时，不要灰心和排斥。

4. 当你遇到棘手的问题时，不要拒绝别人的帮助。

5. 尝试和同事分享自己的工作心得和感想。

第三节 向优秀者学习

上司能成为领导必然有他的出众之处，要学会欣赏优秀者，并以他为榜样，这是一种快速取得进步的最好方式。

智者往往知道欣赏别人的优点

其实，每一个人都有着自负的一面，但区别在于明智的人有着自知之明，他们知道自己有很多地方都是需要完善的，别人身上有很多地方是值得学习的，这也就划分出了自负和自信的界限。往往有出息的人就是那些自信的、懂得欣赏别人优点的人。

老林给我的第一印象就是自信，因为自信人的脸上渗透出一种坚定，老林就是脸上透着坚定的人。一个月的共事让我对他有了更深刻的了解，老林不仅自信，还有很多优秀的地方非常值得我学习，在琦金国际文化公司，林氏风格已经成为了一种经典。

今天，曾经在琦金国际文化公司工作过的黎编辑因为公务来了一趟公司。据说这个黎编辑脾气古怪，动不动就冲别人发火，所以，当听到他要来时，其他编辑都退避三舍，唯有老林主动和黎编辑交涉。一如既往地，黎编辑果然没有多大改变，交谈过程中，言论几次过激。事后，老林对我说："黎编辑虽然脾气古怪，喜欢冲人发脾气，但他看问题的角度非常独到，能一针见血地指出案子的关键，这一点，我非常欣赏。尽管黎编辑外在的缺点非常突出，但优点也是很突出的。我们不能因为别人的缺点就抹杀了他的优点，特别是在工作中，更应该注意，如果过分的自负，不懂得欣赏别人的优点的人不仅影响工作，当一个人自负得听不进任何意见、看不惯任何人的行为时，这样的人在旁人看来却是滑稽可笑的。”

老林的一席话让我不得不佩服。懂得欣赏别人的人才是真正明智的人。仔细想来，的确如此，自负的人自我感觉良好，认为谁都不如他，但是，在别人眼里，他们自负的言行却是那样的滑稽可笑。老林巧妙地告诉了我，每个人身上都有可以学习的优点，有的人被笨拙不堪的外表掩饰了其自身的优势，遭到别人的鄙视，可是，鄙视别人的人才是最为可笑的。我不愿意做一个自负的人，我需要向别人学习的东西还很多，如果因为自负而忽略了别人身上的优点，就会因此错过了向别人学习的机会。

其实，懂得欣赏别人并不是一件容易的事。任何人在一定程度上都存在着以自我为中心的倾向，当这种倾向表现过于激烈时，就会对自己的能力夸大，认为自己的任何言行都是无误的，都应该是别人参考的对象，同时，就会极力地排斥他人的优点。

工作中，我应该时刻提醒自己不能犯这样的错误。不过，由于企业内竞争激烈，在遇到利益冲突时，很多人都认为让自己处于优势就必须把他人逼入绝境。无限放大自己的优点，却对别人的优点视而不见，甚至由于嫉妒对他人恶语中伤，这样的工作环境，可以用水深火热来形容。

所以，懂得欣赏别人是一种气度、修养。只有不断地开阔自己的胸襟，真诚地欣赏他人的进步并为之喝彩时，无形中才会给自己打开学习之门。因为欣赏，所以学习。想想看，一个人总能在某一方面胜过其他人，而其他方面却处于弱势，懂得“山外有山”这个道理的人更能适应竞争的激烈环境，也更能在欣赏他人中提高自己。同事之间的相互欣赏能使相互间的关系更加和谐。欣赏别人表现的不仅是一种气度，而且还是心态平衡的表现。你有别人没有的优点，同样，别人也有你不具备的优点，这种现象是自然界存在的必然现象，只有这样，社会才能相互共存，这种微妙的关系平衡了竞争。

欣赏他人的前提是要有宽容之心，宽容不同于忍让，忍让是相对于别人犯错而说的，宽容则是一种心态，也可以说，欣赏别人是一种“严以律己，宽以待人”的心态，因为只有这样的人才能心平气和地看待周边的一切。雨果曾说：“世界上最宽阔的不是海洋，比海洋更宽阔的是天空，比天空更宽阔的是人的心灵。”如果能像大海一样的海纳百川，摈弃自负、自满，学会欣赏别人优点时，实际上也是在为自己铺路。

支持上司

在我和老林工作的初始，他就这样对我说：“我虽然是你的上司，但是，我并不是万能的，非常感谢你来做我的助理，以后的工作中我需要你在工作上支持我、帮助我。”

老林发自内心的谦逊让我肃然起敬。在我的印象中，很多上司在对待下属时，总是一种高高在上、不可一世的态度，他们认为自己是最强大的。可是，老林又给我上了一课：上司也需要帮助和支持。

支持上司最好的方式就是不要把问题留下来等他来解决。工作中会遇到各种各样的问题，不要总想着把问题推给上司去解决，如果换位思考一下，假如我是上司，我也希望下属有解决问题的态度和能力，想要使得案子胜诉，需要我们做很多工作，需要我们解决很多问题，尽管站在法庭申辩的不是我，但是，我会尽自己最大的力量帮助老林打好每一个官司。当然了，在上司遭遇到困境时，作为下属，应该支持上司，给他最大的帮助。

今天，我们和案件的对方编辑进行了一次协商，对方编辑口气非常强硬，他的当事人希望庭外调解，但是，提出的条件非常苛刻。我们的当事人不能接受庭外调解，可就目前我们掌握的资料，还不能够确保胜诉。老林看上去有些郁闷，他为自己没有足够的把握帮助当事人而困惑，我在一旁默默地注视着他，希望能给他一些帮助，于是，我对他说："老林，我相信你，咱们接着努力，一定会把官司打赢。只要是我能办到的，尽量交给我去做，我不怕辛苦。"看着我坚定的脸，老林好像被感染了，他恢复了生机，脸上又呈现出了自信。我当时就想，"强人"老林也需要他人的鼓励。

组织心理学家迈克尔·史密斯指出，上司只不过是一个接受了严峻任务的普通人，他不可能解决所有问题，所以下级要承担自己的责任，别指望上司是包办一切的完美家长。的确，上司和老板都是普通人，作为员工应该包容他的缺点，理解他的难处，主动帮助他解决问题。

上司需要下属的支持，在遭遇困境时，哪怕是一句鼓励的言辞也能温暖和激励人心。只要有着支持上司的心，对上司的帮助就会无处不在。不要吝啬自己的付出，更不要小看自己的能力，相信自己，乐于支持别人的人也同样会得到别人的支持。

职场语录中有一条：和你的上司一起成功！

想要和上司一起成功，支持上司就是必然。支持上司成功，就是给自己奠定了成功的基础。

听朋友讲过这样的一个笑话：

农夫家有一只老鼠，每天在屋里窜上窜下，惹得主人很不高兴。于是，主人想办法整治老鼠。

这天，老鼠在墙外听见墙内有动静，它透过墙洞一看究竟。结果，不由得吓呆了，农夫正在摆弄着一个捕鼠器，准备把捕鼠器放在它经常出入的地方。

老鼠吓得跑到大院里四处嚷嚷"墙内有一个捕鼠器！墙内有一个捕鼠器！"

正在吃食的母鸡头也不抬地说道：“捕鼠器是用来对付你的，跟我没有关系，我才不用担心哩。”

老鼠又窜到猪圈，躺在草堆里的猪懒洋洋地说：“对不起，我也无能为力。”

这时，老鼠转身看着对面牛棚里的牛，牛不屑地说：“小小的捕鼠器不能把我怎么样，我才不去理会它。”

可怜的老鼠只能独自去面对那个它惧怕的捕鼠器。

夜里，农夫的妻子听到捕鼠器发出响声，于是起身去查看，黑暗中被一只受伤的狼咬了一口，流血不止。农夫急忙带着妻子去看病，第二天回到家后，农夫便把母鸡杀了给妻子炖鸡汤喝。可是，妻子的病情不见好转，发起了高烧，农夫为了照顾妻子也顾不上地里的庄稼。亲朋好友都纷纷帮助农夫做一些农活，农夫也没有什么好感谢的，于是把猪杀了，请前来帮忙的人吃饭。

眼看着妻子的病不见好，家里又没有钱看病，农夫便把牛卖给了村里宰牛的屠户换些钱来给妻子治病。

笑话一笑了之，可是，仔细想来，却很有深意。虽不是把上司比作老鼠，但笑话中隐含的意思是深刻的。

支持别人其实就是帮助了自己，上司需要自己支持时，应该果断地给予帮助。工作中的任何心情、体验都是应该与上司荣辱与共的。

留点空间给上司，让他能自由呼吸

大学同学向我发牢骚，他说自己总是被上司“冷冻”，不给他分配工作，一个多月的时间，他每天只能闲坐在办公室里，上司好像不打算给他任务。他很郁闷，让我给他点建议。

这件事情让我有些棘手，刚刚进入社会的我也没遇到过这种情况，想来想去，还是去请教老林吧。和老林一个多月的相处，他有意无意地教会我很多职场中的工作规则，而且，通过我的观察，我认为老林是值得我学习和信任的。

于是，趁着中午午休的空档，我请教了老林这个问题。这一次，果然有所收获，老林听完我的话，居然笑着对我说：“你这家伙，难道是嫌我给你分配的工作不够多，把你‘冷冻’了？我可不会让你有空闲的时候。”我知道老林在跟我开玩笑，冲他傻笑了。他也被我逗乐了，说：“既然你这么信任我，我就教你两招。”

老林故作深沉，然后沉沉地对我说：“其实，也没什么绝招。刚去一个新公司上班，遇到‘冷冻’是很正常的事情，关键是自己不要把自己‘冷冻’起来，上司不给分配工作，自己可以会主动要求。”

我说：“他已经要求过了，可是他的上司说不着急。”

老林接着说：“我话还没说完，你就着急了。如果主动要求了还没有回应，也不要放弃。上司不给安排任务可能是因为害怕他做不好，也可能是因为其他原因。但是，作为新人来说，不要没有任务就往办公桌一坐看报纸，主动去做一些自己能做的事，即便是收拾一下办公室或者帮助别人查资料，这些工作是不需要工作经验的，只需要手脚勤快。这样努力，上司是能够看在眼里的，过一段时间，上司对新人的印象就提上去了，渐渐地就会给他分配工作了。”

老林一番叙述，我觉得很有道理，的确，要给上司留一些空间，用自己的努力行动证明自己能积极工作。有时候，新人在遭遇上司的“冷冻”时，可能想到去老板那里讨个说法，这样，可能适得其反，因为相对于一个刚刚进入公司的新员工来说，上司已经得到了老板的承认，而新员工还没有让老板信任的条件。所以，要以“冷静”来对付“冷冻”，相信没有一个人能拒绝一个积极工作的下属。而且，这个下属没有很快地向老板抱怨，这样的人也是值得信任的。

我把老林给我的建议和我的想法告诉了同学，正处于郁闷中的他决定从明天开始试试这个建议，只要是自己能做的工作，主动一点，再主动一点。给上司充分的空间，让他感受自己积极的工作态度，也让他在充分的空间中自由地判断一下新员工。上司能成为公司的一名中层领导，应该会有一定的工作原则，只要他能坚持，上司会改变对他的态度。

我想，这不仅适应于他，也适用于我。虽然我现在碰上了一个好上司，但是，以后，可能会和其他人合作，不论什么时候，都要让自己积极地行动起来，主动多做一点事情。

职场中，遭到“冷冻”可能并不是新人的专利，不论工作多少年，都有可能会遇到这样的问题。被“冷冻”的原因可能是多方面的。有可能是公司要考验员工，看员工是否有耐心，是否能冷静地面对困难；也有可能是担心员工不能把工作做好，想让员工熟悉工作后再安排合适的工作；也有可能是因为上司个人的好恶。原因很多。但想要做一名出色的职业人，当自己被“冷冻”时，要让自己行动起来，给自己“解冻”，而是不是自己也将自己“冷冻”。当我们用最积极的态度来面对眼前的困境时，困难也会被我们的努力融化。

和上司和谐地相处是一门学问，每个人都希望在工作中发挥出自己的价值，没有谁愿意坐“冷板凳”。所以，在面对各种各样的上司时，每个人都有自己的门道和方法，但有一点是不能改变的，就是适当给上司留出一些空间，不要咄咄逼人，只要自己的工作态度积极、热情，相信是可以融化“冰雪”的。

行动与思考：

1. 人和人的关系是相互的，如果你和上司之间有了矛盾，那么，从明天开始，主动向上司道声好，记住，这不是讨好。

2. 试图从你恨得咬牙切齿的人身上找一些优点出来。

3. 学会换位思考能让你摆脱掉人性中的一些小缺点，比如：自私。

4. 要想改善和上司之间的关系，还是要从工作着手，努力帮助上司把工作顺利完成。

第四章
改变思路

第一节 学会变通

诚实、守信是做人的根本，但不能因此而刻板，不会变通，这样的人使得他人感到反感。要有灵性，这个很重要。

要有敏锐的判断力

作为一个独立的个体，一定要有敏锐的判断力，有的人喜欢人云亦云，或者只能看到事物的表象，看不到深层次的本质，这是可悲的。

一个公司正常运行的过程中，有很多组成元素，人、事构成了一个运作整体。但这里面很多事情却不像所想的那么简单。而且，运作过程中必然要和外界打交道，这使得关系更加复杂。所以，要想生存，必须有着自己敏锐的判断力。

我认为敏锐的判断力是保护自己不受伤害且不被别人利用的一个前提。我的这个说法被一个同窗好友否决了，他说："没有必要有着敏锐的判断力，因为人和人之间都是互相利用。看清事物的本质并没有什么好处，被人利用也无所谓，反过来利用他就好了。"

可是，我不这么认为，如果不懂得去分析事情的真相，那永远只能够被人利用。假如说没有本质性的侵犯到了自己做人的底线，被人利用也没什么大碍。可是，如果被蒙蔽，做出一些有违道德和法律的事情，岂不是自己都不能原谅自己。

有时候，周围一些人认为自己高明，分析某件事情头头是道，其实只是听信了其他人的一些表面之言，再加上自己的一些观点，就人云亦云起来，大肆地谈论。在公司里，这也是不明智的一种表现，事物往往很复杂，即使自己真的知道事情的本质，也不能到处谈论，这是一种原则。不能因为想要显摆自己的小聪明，就肆无忌惮地议论公司中的某些事情。这于己并没有半点好处，相反地，别人只会认为你轻浮，况且，也没有什么必要。

那么，要敏锐的判断力干嘛用呢？

我认为：首先，这是确保自己不被人利用去做有违道德或法律的事情。其次，敏锐是睿智的一种表现，是一种灵性。有谁喜欢一个办事、说话不分轻重的人。这是盲目。这样的职业生涯最终也不会有什么大出息。

睿智但是要低调，这是我一直以来想要达到的一种境界。尽管我知道我现在还做得不够好，但我会向着这方面努力。两个方面都需要努力，一是培养自己敏锐的判断力，二是要学会低调。

说起培养敏锐的判断力，这就需要平时遇到问题时多思考，需要冷静和犀利。广泛的学习值得学习的知识，包括阅读有意义的书、杂志，或者从电视等媒体中汲取一些有用的知识。其实，科技的发达使我们获取信息更加便捷，新闻的覆盖面既广泛、全面，而且速度快。再加上自己不带有成见的、客观的、理想的思考和分析。假如对待一件事物，参杂进自己的好恶，必然就不能冷静地分析出本质问题。

转回到我工作的琦金国际文化公司这个环境，这两个月的接触，不可否认，或多或少我都对公司里的一些问题有了一些耳闻和了解，好的自然是不用说，但负面的信息也存在。既然是负面就存在着大量的争议，有的人以为这样，有的人以为那样。这些负面问题中有些是关于上层领导的，有的是关于公司事务方面的。但是，我知道种种的现象反映出的问题，并不像表面上的那么简单。所以，我的原则很明确，不管发生任何事情，一定要用冷静的头脑去分析，不能人云亦云，作为员工来说，把工作做好才是最为重要的，其他问题不该盲目参与。

我认为这也是一种睿智的体现。因为做好工作不仅是琦金国际文化公司的需要，也是自己的需要。当然了，把这种睿智深入到工作中，能够冷静地分析案情，能够全面地看到案情的本质原因，对于赢得诉讼是必须的。有句话说："不打无准备的战。"能够敏锐的看待事物必然对工作的进展有着好处。所以，我不会有丝毫犹豫，一定要把自己培养成睿智但是低调的人。

打破常规，想别人所不想

想要成为一个有灵性的人，有必要给自己的思维来些奇特的想法，否则太刻板了对工作没有什么创新性的帮助。工作中要有创新性的思维才能有更多的起色和机会，因为陈规烂矩不仅会让前进的脚步停止，还会限制思维。

20年前，管理大师德鲁克就说过“不创新，即死亡！”这句话语气很强烈，也是一个对没有创意的形象寓意。没有创意，只能接受平庸，只能平淡无奇地度过一生，生活中少了很多精彩的元素。可见，想让自己的生活更加美好，创意就是打开财富和成功的一把钥匙。可以想一下，商界的人物哪一个不具备创造力，比如约翰·D·洛克菲勒、比尔·盖茨，他们每一个人都具备这样的能力，而这种能力也给他们带来了无穷的商机。

创新当然也和职业的特点有关系，可能目前来说，我的这个职业没有太多的创新性，但是，我不能这样要求自己，必要时，需要打破常规，需要想别人所不想。这才能有新的发现，也才能有更新的进步。

想想那只使得世界上很多人都喜爱的米老鼠，人们不禁感叹，要不是没有卡通大王沃特·迪斯尼，我们是不是就少了很多欢乐呢？

迪斯尼1901年出生于芝加哥，他在18岁时开始以绘制商业广告为生。后来，他开始研究创作动画片，而厂址就在好莱坞一间破旧的，而且还有老鼠经常出没的汽车房里，迪斯尼一有空闲，就会饶有兴味地观察钻出钻进的小老鼠。

有一次，他看见一只小老鼠很可爱，便抓起笔即兴作画，一只穿着红天鹅绒裤、黑上衣、戴着白手套的小老鼠在画纸上出现了。突然，他发现这是一个多么好的创意，于是，在妻子的建议下，这只小老鼠有了名字，米奇（Micky）就这样诞生了。迪斯尼和助手尤布对米奇的形象进行设计，塑造了一只对弱者同情，对强者却很淘气，好打抱不平，不自量力，急躁而且粗心的老鼠。

当时，报纸上全是查尔斯·林白首次单人驾机飞越大西洋的事迹，迪斯尼和尤布觉得应该好好利用这个机会。于是，草拟了一部叫《疯狂的飞机》的电影脚本，尤布立即着手绘制草图。尤布这个天才很快就按照剧本的内容搞出了雏形，迪斯尼看后非常满意。这样，他们正式开始制作了。

随着第三部《“威利”号汽艇》的成功，米奇席卷全球，那只有着大而圆的耳朵、穿靴戴帽的小老鼠随着轻快的音乐而跺脚、跃动、吹口哨，这样一个可爱的形象博得了观众的喜欢。1932年，《“威利”号汽艇》获得了奥斯卡特别奖。

为什么人人讨厌的老鼠反而会被这么多人喜欢，因为迪斯尼。迪斯尼创造出来的米老鼠成了全世界儿童心中的神灵。米老鼠的形象不仅吸引了数百万的观众买票进入电影院，而且与米老鼠相关的其他各类产品也非常热销，随后迪斯尼绘制的唐老鸭、维尼熊、高菲狗等卡通形象，使得迪斯尼所建立的沃特·迪斯尼公司迅速成为美国卡通界的领军角色。而这一切都源于一个创意，就是一只小小的老鼠。

在沃特·迪斯尼病逝时，哥伦比亚广播公司在晚间新闻的颂词中说：迪斯尼是一位富有创造性的天才，他为全世界的人带来了欢乐，但若我们仅仅从这一方面去判断他所做出的贡献，仍是不够的。迪斯尼在医治、安慰人类心灵方面所做的贡献，也许比世界上任何一位心理医生都要大。

创新确实是无处不在的，我不能做一个毫无生气的，没有一点创造力的人。那么，怎样在工作中才能有所突破呢？

首先，我认识到，想要在业界有所成就，一定要有扎实的功底。这个条件是不容置疑的。因此，我的努力方向也就很明确，必须要掌握好基本的理论知识，还有更为重要的就是要有应对各种复杂诉讼的能力，也就是实践能力。

假如没有奠定坚实的基础，想创新并不可行。任何的创新都是有条件的，需要有着丰富的知识和经验做基石。

其次，要学会发掘自己的潜能。任何人都有着无穷的潜能，不能放弃自身的优势。我在遇到诉讼时，除了应该有着自己对事物敏锐的判断力，还应该有着独立的思考。从着手案件的方向、特点，都应该有自己的独立见解。当然了，在我的思想还没有成熟之前，我对老林的安排要绝对的服从。如果什么时候想法成熟、机会不错时，和老林探讨也是一个不错的选择和进步机会。

所以，我知道，我走的道路是困难的，因为这意味着我要付出更多的努力，但是，我不会畏惧，因为虽然苦，但却快乐着。

与时俱进，不能停下奋斗的脚步

早些年，很多人都想不到现在的工作离不开一个叫计算机的东西，更不能想象网络的普及，可是，现在，我们的工作、生活哪里少得了这些东西。它们已经成为了我们工作的必要工具，假若不能弄懂它们，工作时会非常不方便，从而也会失去很多机会，所以，与时俱进很重要。对于我来说，这不是什么难事，可是对于那些有些年纪的人来说，接受起来会比较困难些。可是，我也有着自己难以接受的事物。什么呢？先进的工作方法和理念。

不论做什么工作，你都必须要对周围的社会有一定的了解才能把工作做好。就像是设计时装一样，必须了解现在的人们穿衣服的心理和兴趣。媒体工作者也是，读者、观众比较关注哪些信息，社会需要什么有进步意义的信息，才能做出有乐趣、有价值的内容来。

我又何尝不应该与时俱进，学习一些先进的工作方法以及理念。作为一名法律工作者，知识范围更应该宽泛。随着社会的发展和需要，国家的法律也会不断地完善，相应地会出台或修改一些法律规范，而新的法条生效，意味着需要更新很多知识面。随着法律制度的不断完善，同样的，相关的法律从业者也需要完善。

这些改变是必须引起重视的，我的职业性质必须要求我不断更新自己的知识，这样，才会有更大的把握来应对变化的环境。而且，我应该学习更加先进的工作理念和方法。我不禁又想到了各种体育赛事，昨天晚上在德国举行的F1大奖赛真是惊心动魄。由于突降大雨，路面很滑，尽管车手都进站换了雨胎继续进行比赛，结果在一个弯角处，六辆赛车都冲出了赛道。在这个赛季创造了无数个神奇的英国车手汉密尔顿第二个冲出了赛车，幸运的是，所有车手都平安无恙，这需要感谢赛车的研发部门。现在，赛车的设计更加人性化，目的就是保护车手的安全。这不得不说是这个行业与时俱进的一个体现，因为人们的思维和认识更加完善，认识到比赛里最重要的还是参赛人员的安全。

在任何行业里，我都看到了人们不断变化的思维以及随着思维不断转变的工作方法。我也一样，需要学习的知识还有很多，不仅是这之前已经形成的知识体系需要学习，而且还要跟上行业进步的步伐，一刻都不能掉队，否则，等着我的将不是胜利的香槟，而是失败的苦果。

任何事情计划了，就需要去行动。否则就成为空谈。经常听到“道理谁都明白，说得容易，做起来却难。”每当这种时候，我并不想去探听别人是为了何事而发的感慨，我只是在想自己。想自己在哪些事情上没有说到做到，想那些成功人士都是说到就能做到的人。这时，心中顿时愧疚万分，我在心里对自己说，我不去说“道理谁都明白，说得容易，做起来却难”这句话，因为我要监督自己，只要想到了，只要能做到，我不会纵容自己放弃实现梦想的每一个机会。

行动与思考：

1. 真理总是掌握在少数人手里，千万不要人云亦云。

2. 在一次老同学聚会中，你发现大家聊天的内容，你不是不屑于参与讨论，而是陌生，这说明你开始落伍了。

3. 不要盲目地追赶流行，因为流行也意味着被淘汰，要去想那些别人所没有想的事物。

4. 要有一定的兴趣、爱好，否则将会越来越刻板。

第二节 塑造个性

也许有人认为感恩和宽容并非个性，而是软弱和妥协，但我坚定地认为，我喜欢走自己的路，但不自私，而且还懂得让步。

走自己的路

我从小受的正规教育，不论是老师还是父母，或是其他长者，每一个人都教导我要中规中矩，在我的印象中，我从来没有过一个奇特的想法，因为我一直沿着别人给我设定的路线在走，没有反抗过，因为不知道怎么反抗。可是，自从我远离父母的视线之后，便开始肆无忌惮地做我喜欢做的事，说我喜欢说的话。

一切的改变都是那么自然，甚至有人告诉我：你与众不同。我反而觉得奇怪，怎么会呢？我一直是一个中规中矩的人。可是，以前的朋友都说我变了，我浅浅一笑，我哪里是变了，我本来就是这样，只不过之前不知道“要走自己的路，让别人说去吧”。

现在，我相信就是这样的个性让我很快就适应了职场。人们常说“林子大了，什么鸟都有”，社会虽然也是由人组成，但确实比学校复杂得多。假如还一如既往地在乎一些虚无缥缈的言论和事情，总有一天，会全线崩溃。

寓言故事里这样说：

路边有一只小小的蜗牛，以自己的节奏缓慢地爬行。

第一个人走过时，说：“快看！这个短跑冠军，怕别人不知道，就整天背着这个大大的奖杯到处炫耀，现在连走路都困难了。这就是骄傲和虚荣的结果啊！”

第二个人走过时，说：“快看！这只蜗牛本来可以轻轻松松地行走，却总是把负担背在身上，不懂得弃旧迎新，这样连路都走不动了，还是思想不开放啊！”

第三个人走过时：“看哪！虽然这样弱小，但总是不卑不亢，懂得奋进，给自己适当加些压，才能不断鞭策自己，真是勇于拼搏的典型。”

蜗牛听了，笑着对自己说：“我就是蜗牛。”说完，还是照样不紧不慢地爬着。

这时，一个哲学家感慨万千地说：“同学们，蜗牛多值得我们学习，不论别人怎么说，坚持走自己的路。”

蜗牛还是笑了笑，说：“过奖了。”

感觉很有意思，不论在哪里，都一定要做自己的主人。如果过分在乎别人的看法和言论，那，将会非常累人。

我是这样想的，也是这样做的。我认为排除外界对自己的干扰非常重要，竞争越是激烈，就越容易陷入流言蜚语，我不能限制别人说什么，但我能让自己不去在乎别人说什么。

其实，当无法确定自己的做法是否正确时，看看周围的人就能明白过来。看着那些把自己活生生的个性抹杀掉的人，他们在乎别人对他们的每一点看法，甚至是一个眼神，就足能让他们思考良久。工作中，别人或许只是不经意间朝他们那里望去，他们就会浮想联翩，猜测着别人的眼神里是否有着含义，猜测着别人是否在议论他们，然后一遍遍地审视自己到底哪个地方做错了，几经琢磨之后，发现自己并未做错什么，然后把罪归给他人，认为别人和自己过不去，接下来更会发生一些不可思议的事情。他们开始排斥他人，他们开始想方设法让自己看起来更加中规中矩。

看到这些过分在乎别人对自己看法的人，我就知道，尽管用我行我素来形容或许是带有贬义的，但是，人就应该拿得起放得下，只要不违背道德、不违背良心，只要自己尽力去把工作做好，这就足够了，干什么要去在乎别人对自己的看法呢？只要认定自己已经尽力了，只要认定自己一直在努力，只要认定自己无愧于心，又何必去在乎别人对自己的评价呢？

感恩老板

追求更加富足的生活是人之常情，有时候听到很多员工抱怨公司给自己的薪水太少，想想看，这样的情况也的确存在。员工作为弱势群体，感到委屈不能说是正常，但却是必然。可是，事物都有两个方面，想要提高个人的修养，学会感恩是非常必要的。

在这个倡导“公平”的社会里，我同样也希望员工和老板之间能够更加公平，所以，我从来都不想标榜自己不愿意追求“公平”。“公平”是一种美好的愿望，也是一种互相监督的方式，企业里，只有老板和员工的心理都处于平衡才能稳定地发展。那么说，就不用我去感恩了吗？我认为追求“公平”和“感恩”是两回事。如果不把这两者分开，第一，将会觉得更加“不公平”；第二，不利于人格的完善。

我希望看到老板和员工之间有着一些法律的保障，不管是处于弱势还是强势，都应该清楚地去争取属于自己的利益。这就是法律的界限，不能含糊，任何事情都要明确。

我会不会出现这样的情况呢？

这需要我对感恩有一个正确的认识。区分“公平”与“感恩”是非常有必要的。如果我在公司遭到不公平的待遇，情况客观，我会去积极地解决它，如果焖在心里，或者被动地接受，那不叫忍让，如果事实存在，就应该打击这种“不公平”，否则将会更加遭受着“不公平”。但是，任何事物的产生都有其特殊的性质，关键是要冷静看待问题的实质。要求老板给自己最大利益的前提，应该是自己努力工作了。老板和员工在主体的关系上来说是一种雇佣关系，或者说是合作关系，也就是一种利益关系，但是，利益关系就不应该感恩么？很多人觉得干活拿钱是天经地义的事，和老板之间是一种互相利用的关系，但是，不管是哪一方，在获得利益的这个过程中，都得到了对方的帮助，这是不可回避的。老板一个人不可能把公司所有的活儿都干完，而员工呢，也必须在老板提供的这个平台上展现自己。

我要学会感恩，在任何环境中，都要感谢别人对自己的好。成为事业的强人也必须依靠完善的人格。修炼自己是非常重要的。其实，拥有着一颗感恩的心，受益的并不是别人，而是自己。

有句话说“人敬我一尺，我敬人一丈”就是这个道理，如果老板和员工之间能有感激之情存在，那么，相互间的关系将会更加牢固。

真正的感恩是发自内心的，应该是真诚的，只有发自内心的感激，才能起到凝聚的作用。如果只想达到自己的某种目的而去假意地表示感情，这样的方式是别人所不能认同的，老板也不例外，当他知道你为了溜须拍马而假惺惺地感激他，他会感到失望，并且对你的印象会大打折扣。所以，感恩是情感的自然流露，是一种内心真实的感受。

因此，不满意自己的工作时，感到你虽然努力但却没有得到相应回报时，都应该怀着一颗感恩的心去对待老板，不要把他看成是当代的“黄世仁”，因为哪个人都不会是尽善尽美的。反之也一样，心存感激是一种能够和谐相处的基础，不论什么时候，当老板伤害到自己时，或者当老板帮助自己时，都要多想想老板的好处，适当向老板表达你对他的谢意和感恩的心情。

羔羊跪乳、乌鸦反哺的故事告诉我们：幼小的羔羊为了感谢母亲的养育之恩，饥饿的时候总是跪在地上吃母亲的奶；乌鸦把她的孩子喂养大后自己的一身羽毛就脱落了，这时候小乌鸦就飞来飞去给母亲喂食物，直到母亲的羽毛再次丰满能飞的时候才离开。虽然说老板和员工之间的关系并不同于父母养育孩子那样无私，但是，无论如何，老板极力创造条件让每个员工都能在这个舞台上实现自己的抱负，收获生活的报酬，出于这一点，员工也应该感谢老板。现在，感恩作为一种社会道德存在着，如果双方都无视这种感情的存在，把老板和员工之间的关系视为一种纯粹的交换关系，必然会导致双方矛盾加深，老板认为员工没有尽自己最大的能力去做公司交待的工作，而员工则觉得自己辛苦努力却得到不与之相对应的报酬，这样的关系也就不可能长久和发展，如果有引爆点，立即就能爆炸。我们应该看到在这种交换关系背后的感恩，老板和员工之间并非是对立的，只有意识到这一点，怀着感恩的心去对待老板，让他知道你多么热爱自己的工作，告诉他，你感谢他让你获得在公司工作的机会，这种适当的感谢并不矫揉造作，如果你认为直接向老板表达谢意不符合你的意图，你也可以选择另外的方式来感恩。其实，感恩是会传染的，当你的老板知道你对他怀有感激之情，他也会因为你的努力工作而对你抱有谢意。

写到这里，还真是感到很歉疚。我想自己做得还不够，琦金国际文化给了我很多收获。我们之间并不是一纸合约那么简单，至少对于我来说，在这里，我完成了从学校到社会的过渡，这个过程中的点点滴滴很多都是来自公司给我的收获。

还有老林，我怎么能够不感激他呢？他给了我超乎于一个上司的帮助。或许在他看来，帮助我进入工作状态是他的责任，可是，我不得不对他怀着感恩，当我这么想时，心情变得更加舒缓，我知道，一个想要不断进步的人需要这种心情，怀着仇恨的心如何进步。一个没有感恩，只有抱怨和仇恨的心灵是痛苦的，痛苦中是不能够取得进步的。

学会宽容

洛克菲勒曾经说过："我需要强有力的人士，哪怕他是我的对手。"而他也一直是这样做的。

洛克菲勒计划在短短的几年内完成垄断，扫平石油原产地泰塔斯维所有的炼油厂，他坐镇在克利夫兰的美孚公司总部，严密地策划着自己的计划，而他最大的敌人是亚吉波多。

石油大战以原产地的胜利而宣告结束，人们夜以继日地大量开采石油原油，日产量直线上升。这时，生产者同盟并未解体，亚吉波多是组织的领袖，当他及时察觉生产过剩的严重性后，决定在半年内不能开采石油。亚吉波多到处演讲，终于说服了疯狂开采石油的人们。然而，洛克菲勒派出大批石油掮客前往泰塔斯维，他们腰包中塞满了现金，逢人便说以每桶4.75美元的超高价购买原油，美孚石油公司每天将以现金收购15000桶石油。

这样的诱惑抛出后，曾被亚吉波多说服的产油商们重新挖掘新油井，亚吉波多发现情况不对头，拼命阻止，他大声说："美孚石油公司是条大蟒蛇，千万不要上他们的当！"可是，他这次没有能够阻止人们。

两个星期以后，美孚石油公司突然宣布：中止一切以原订价格购买原油的合约。

对此，洛克菲勒这样解释："现在石油产量供过于求，完全是你们的过错。美孚公司从未有过价格不变的承诺，疯子才会永远保持每桶4.75美元的价格，现在是每桶2.50美元，你们可以拒绝接受，但下个星期，每桶原油高于2美元我都不买了。"

产油者们虽然愤怒但却无可奈何，原油企业纷纷宣布破产。

两年后的一天下午，洛克菲勒向亚吉波多抛出了橄榄枝，他们在纽约的一家豪华饭店会面，亚吉波多失去了当初演讲时的神采飞扬，他的表情承认他被洛克菲勒打败了。但是，亚吉波多的失败主要源于产油商们急功近利，造成产量急剧上升，最后被洛克菲勒收购。而此刻，两个原本做了多年死对头的人坐在了一起，洛克菲勒主动向亚吉波多发出邀请，并热情款待了他，赞赏他是个最能干的年轻人，两人密谈了几个小时之后拥抱在一起，肩并肩地共进晚餐。

亚吉波多接管了美孚公司的日常事务后，没有辜负洛克菲勒的厚望，他干得十分出色。洛克菲勒就是这样网罗人才的。他的一生中有过不少竞争对手，在这些竞争者中，他选出能力最强的人，不论之前双方是否有过激烈的争斗，他们都能互相宽容对方，摒弃前嫌，为标准石油公司的发展携手并进。

我要想拥有完善的人格，怎么能不宽容。宽容别人，是一件很难做到的事。有时候，家庭成员之间发生矛盾，都会发展到老死不相往来的地步，但是，人世间需要宽容，你需要宽容，我需要宽容，我们大家都需要宽容。很多时候，我们为了一些小事埋怨家人、朋友、同事，于是造成很多的不愉快，回过头来想想，又觉得自己很幼稚，没有肚量。其实，宽容别人就是厚待自己。

每个人都会犯错，包括自己，可是我们往往能很快原谅自己，却无法原谅别人。这种自我原谅但不原谅别人的行为是软弱的表现，因为你只敢面对自己的过错，却无法面对别人的。别人犯错时，有的错误是无意间造成的，是无心的。如果换个角度想想，你是那个犯错的人，是不是希望你得罪的那个人能原谅你？如果对方原谅你，你的心情又是怎样的？对人要有宽容之心，有的时候对方的做法可能不是有心的，只是无意的冲动行为，知道他不是有心的，就不要把这件事再放在心里，而应该忘了它。

我们生活在一个大家庭中，互相之间有磕碰在所难免，我们在社会交往中，吃亏、被误解、受委屈一类的事也是经常发生。作为个体来说，没有人愿意这样的事情发生在我们身上，但一旦发生了，最明智的选择就是宽容。宽容不仅仅包含着理解和原谅，更显示出气度和胸襟。宽容的是别人，给自己的却是快乐。往往有时候因为你的宽容能改变别人的一生。

法国19世纪的文学大师雨果曾说过这样一句话：“世界上最宽阔的是海洋，比海洋宽阔的是天空，比天空更宽阔的是人的胸怀。”

所谓宽以待人，就是善意地对待别人的不足和缺点。因为怎么看都完美的那些人，他们身上都至少有一两个缺点，有的缺点甚至在别人看来难以接受。所以，我们一定要学会宽容别人，有时候，因为宽容，会让自己更加富有人缘。

宽容别人的前提，就是别人做了一些令自己不开心，或者是伤害到自己的事情，在这种时候，大家往往都会咬牙切齿、愤愤不平，下定决心一定要出一口气，即使不想出气，心里也不会原谅他人，这种怨气一直放在心里，甚至过了很长时间，想起来还都会生气。

仔细想来，这又何必？人在生气的时候，会影响身体的健康情况，据有关医学专家说：长期生气的人会引发很多慢性疾病，比如慢性胃病等。特别是对于女性朋友来说，经常生气的人会容易衰老，因为人在生气的时候血液流通不畅，而血液的正常循环是女性美容的关键，所以，长期生气的人，不仅会影响到身体健康，也不利于美容。

总而言之，宽容别人就是厚待自己，让自己的身心健康，何乐而不为呢？在别人惹自己生气的时候，不要那么冲动，对别人横眉冷目于自己又没什么好处，再说这样就能够减轻或者消除别人对自己的伤害吗？不能。这反而恰恰会激起双方更深一步的争执和矛盾，如果能主动地原谅别人，对方会刮目相看，或许以后能成为最要好的伙伴或同事，这样于人于己都有好处。

行动与思考：

1. 如果想要知道别人说什么，与其瞎猜，不如参与到讨论中去。

---

2. 想要在自己做错事时得到他人的原谅，那么，先学会宽容别人。

---

3. 不用向任何人表达，只要自己从心底感激一下帮助过你的人。

---

4. 不要为了得到赞扬去讨好别人。

第五章
改变态度

第一节 热爱你的职业

如果不去热爱自己的职业，怎么能够对工作投入极大的热情。没有热情的工作态度只会让人乏力，只会让人丧失斗志，当然也丧失灵感。

要热爱工作

每份工作都值得人们去尊重、去热爱。我要用火一般的精神去热爱我的工作，这是一种对待工作最积极的态度。如果不热爱自己的工作，又怎么能够把工作做好。

我庆幸自己找到了一份自己感兴趣的工作，即便和自己的梦想还有一定的距离，可是我热爱它，我没有理由不热爱它。它让我有了生存的基础，它让我活得更加充实，无论如何，我都不允许自己看低它。

可是，反过来一想，即便从事着一份不是自己感兴趣的职业，也应该去热爱它。我无法控制自己的感情喜好，但却应该具备基本的做事原则，因为工作是我义不容辞的责任，我要以积极的态度对待它。工作过程中纵使有太多的不如意，也应该说服自己尽量地去热爱自己的工作。

今天，工作的繁忙使得我头晕脑胀，我试图想要摆脱这种烦恼。于是，我开始找一些积极的书来看。浏览了几个小故事，感觉颇有收获。

比尔·盖茨无疑是一个非常热爱自己工作的人。1975年开始创办软件公司，他就极其热切地投入到软件设计之中。可以说，他对自己的工作着了迷，用废寝忘食来形容他对工作的热爱和投入并不为过。

比尔·盖茨有句名言："每天早晨醒来，一想到所从事的工作和所开发的技术将会给人类生活带来巨大的影响和变化，我就会无比兴奋和激动。"

当了解到别人是如何工作时，我不得不发出感叹，成绩是在不断地坚持中做出来的。我相信比尔·盖茨也曾经对自己的工作产生过一些抵触，没有人能抵制住事物本来的性质，可是他能够让自己很快地脱离出消极的阴影，继续让自己的激情永续。

我无法很高尚地说：我没有对自己的工作产生过抵触，我没有对自己的工作产生过厌倦。这尽管是一个我喜爱的工作，可是长时间地面对同样的、重复的任务，我丧失了一些热情，甚至想到逃避。可是，我坚持了下来，我知道，每个人都有这样的经历和过程，如果我说自己从未动摇过，那是在标榜自己。之所以有"进步"和"成长"这些字眼，就说明了人们为了更美好的明天抵制住了自己心里一些消极的思想，我同样，每当我要做日常的接待笔录时，看起来是那么机械和没有生气。我开始疲惫，并不是身体的疲惫，而是心理疲惫，我知道我的身体里发生了某些元素的变化，我感到了一丝的排斥。这时，理智战胜了我，的确如此，即便是简单得不能再简单的接待笔录，它也有着不同的意义，对于当事人来说，这是多么重要的，如果不是信任我们，怎么会来到这里请求我们的帮助。我们对于这种信任超出了等价交换的关系，因为信任是无价的，既然客户信任我们，我们是不是应该以最认真的态度来对待他们。想到这里，我开始感觉到自己心里有一股暖流涌出，这样的感觉源于理智，源于事实的本质，却最终归于理智，因为我会理智地对待工作中每一件看似非常平常的小事，这才是一个从业者对待工作的态度。

微软的一个研究员对待工作的热爱使得李开复大为感慨。这位研究员经常在周末去见女朋友，后来，李开复偶然在办公室碰见他，就问他："女朋友在哪里？"研究员笑着指向电脑："就是它。"比尔·盖茨对工作的热爱感染给了公司中的每一个员工。因为只有热爱工作，才能以最认真的态度去对待它。

优秀必然是从热爱自己的工作开始，只有热爱自己的工作，才能充分地发挥自己的主观能动性。所以，热爱工作成为圆满完成任务的重要因素，只有全身心地投入到自己热爱的事业中，才能获得成功。假若不能克服客观的本性，不去热爱自己的工作，那么，想要做好工作几乎是不可能的。

有的人说：热爱工作就是指自己感兴趣的工作，这是感性的。

可我恰恰不是这么认为，热爱工作，不论是自己感兴趣的，还是不感兴趣的，这是理性战胜感性的过程，没有一个人能对某件事情一直保持着热爱，所以，我要用理智去战胜自己这种消极的思想，让自己去热爱工作，这是一个"成长"的过程，还有什么比"成长"更富价值的。我确信，我在进步，不停地进步。

工作需要长久的激情

“短暂的激情是不值钱的，只有长久的激情才是赚钱的”，这是阿里巴巴的马云在媒体上讲过的一句话。

当我第一次听到这句话时，说实话，并没有受到很大的感染，但我却一下子就记住了。为什么？因为马云在说这句话时的表情使得我对这句话有着最为深刻的印象，看得出来，这是一句马云发自肺腑的心声，我看到这句话背后隐藏的诸多内容。

要说受到这句话的感染，应该从我对工作的态度说起。一段时间的工作后，我的好奇心逐渐地减弱。我认为这是一个正常的现象，但也说明，危机正在开始，因为好奇心的减弱，我对工作的激情也在逐步减弱。人有时候是应该好好照照镜子，因为只有那样才能看见自己的表情。任何一个对工作有激情的人，他们的脸上都不会缺少一股力量，发自内心的力量。我从镜子中看到了自己的变化，生机从脸上逐渐地消失。这时，我才真正受到了“短暂的激情是不值钱的，只有长久的激情才能赚到钱”的感染。怎么不是这样呢？

带着对这句话的赞同，我对马云的经历产生了好奇，我想知道隐藏在这句话背后的内容。

马云有一个财富观点：“我觉得创业者首先要有一个梦想，这很重要，你没有梦的话，为做而做，别人让你做是做不好的，要坚强；

第二要有毅力，没有毅力做不好，从我自己的经验来说，我每次创业的时候，都有一个美好设想的过程，但是往往你走到那儿它不一定美好。你要告诉自己，自己走的路上面每天碰上的事情特别多。我1995年创办黄页，然后又开始创业做阿里巴巴，我觉得自己反正已经倒霉，这个不成，那个也不成，反正再做十年倒霉也无所谓了，毅力很重要。”

大学毕业的马云当了6年多的英语老师，我经常能在媒体上听到他说几年的教师经历让他有很多收获。

马云第一次接触互联网是因为成立的首家外文翻译社所带来的名气，他受委托到美国催讨一笔债务。对计算机一窍不通的马云学会了上网，他想到了为他的翻译社做网上广告。他在上午10点发送广告到网络，中午就收到了来自美国、德国各国的6封邮件，说到这是他们看到的第一个有关中国的网页。敏感的马云马上意识到互联网能带来商机。

马云回到杭州，一个疯狂的念头就产生了，他要把中国企业的资料集中起来，快递到美国，把做好的网页向全世界发布，向企业收取费用，这就是他的利润。一个加上他只有三个人的团队开始了他的梦想。他的第一家互联网公司——海博网络成立了，产品是“中国黄页”。这是互联网上最早出现的以中国为题材的商业信息网站，使得很多早期的海外留学生都认识了马云和这个网站。

尽管马云口才出众，在成立网站后的很长一段时间，他经常在杭州街头的大街小巷推销自己的“伟大”计划。可是，在那个很多人都不知道互联网为何物的年代，马云成为了人们眼中的骗子。马云在第一次上电视台时，有一个编导对记者说，这个人不像好人！

1996年，马云的营业额开始突飞猛进。这年，互联网也渐渐地被人们提及。1997年，马云被邀请到北京参加一个由联合国发起的项目——EDI中心，并参与开发外经贸部的官方站点以及后来的网上中国商品交易市场，在这个过程中，马云的B2B思路渐渐成熟：用电子商务为中小企业服务。

1999年，马云决定从零开始，回杭州创办“阿里巴巴”。

这之后，马云成为了人们谈论的对象和关注的焦点。“阿里巴巴”被业界公认为全球最优秀的B2B网站。

带着对“短暂的激情是不值钱的，只有长久的激情才是赚钱的”这一句话的探究，我在媒体上寻找了很多关于马云的资料，看了马云这一系列的变化。尽管现在众多的媒体对当初马云被人们看为“骗子”一事表现最多的是幽默。我在这事件中看到了马云当时的处境。是激情和敏锐的直觉使得他有了这样的理想，然而，在遭遇挑战时，我相信正是因为拥有长久的激情，才使马云一路走了过来，使其越来越优秀。假如，事情的发展是马云只具备短暂的激情，那我想：现在，马云就不会成为人们学习的一个成功典范。

创业需要有着长久的激情，普通的职业人士又何尝不是呢？工作能取得成绩的最好状态就是让自己保持“长久的激情”。我知道，成功者们的成功是不可复制的，但是可以复制的是他们身上对于职业的那种激情和奋进。既然我懂得，为什么不去复制这种激情，让自己充满激情地去工作，并坚持住！

工作中享受生活，生活中学会工作

说起了激情，我认为想要保持对工作的激情，有一点非常重要：在工作中享受生活，在生活中学会工作。

我是一个很平凡的人，有时候，我会偷懒，我认为这是人之常情，那么，怎样克服这样的状态，让自己激情永续？

想想看，如果辛苦工作一天后，晚上回到家还要坐下来读几个小时的理论知识，谁能够做得到。然而，学习是无处不在的。我喜欢在休息的时间看电视，现在，很多频道都设置了一个编辑节目，有生活方面的，有教育方面的，这其中少不了要介绍案例，尽管对于一个编辑从业者来说，媒体里介绍的很多编辑常识对于我来说都不陌生，但是，只要有心，就能在一些节目中捕捉到一些对自己有用的信息。

记得马云在媒体中这样说过一个年轻人："当然我也觉得你这个激情不错，我的建议是短暂的激情是不值钱的，只有持久的激情才是赚钱的，而激情是不能受伤害的。尤其你的员工下班非常累的情况下，再要读三个小时的书或者学习，你会把他们消耗掉，学习是无处不在，学习不一定坐下来，而是去听、去看，从客户中学习。"

这是一个管理者对于员工的要求，那么，作为员工，是不是应该主动去寻求怎样让自己保持激情的方法呢？从我个人来看，我认为有这个必要。

马云给我的这个启发，也正是源于我对电视的热爱。我从电视里捕捉到了对我的“成长”有利的内容。尽管不可能看完这些成功人士的经历后，就立刻能像他们一样成功，可是，我却找到了让自己积极的力量。奋斗中的人们需要有积极的心态来面对一次次的挑战。

的确是这样，很多成功者用他们的经历告诉我，尽管他们中的有些人并没有高学历的背景，可是他们能在社会中历练出来，因为“社会就是一所好大学”。这也是一句耳熟能详的话，可是，我要好好想想为什么“社会是一所好大学”？学习并不是靠着有一个好的环境，真正学习的力量是用心，任何环境，只要用心，有什么学不会的，往往机会就隐藏在很多平常得不能再平常的常态中，只是没有人去注意它。假如当初马云去讨债时，不去学习上网，那么，他又怎么能发现这个商机。但是，当时就他而言，学习上网并不是他去美国的目的。他更不是专门去学习上网，只是在一种轻松的环境下，他学到了一些新东西。那么，他的成就还得归于他的“有心”。假如不是，换作其他人，学了就行了，不去想这里面的信息，现在也就是一个比别人更早懂得上网的人，没有其他的了。

我需要学习，而且该学的知识还太多，专业知识方面的，还有其他更多的知识，比如对于成功的认识和工作态度等。这些知识不仅是从工作中获取的，学会在生活中摄取对自己有利的知识更是非常重要。

摩根也这样说：“为了收集到一件艺术品，我也会花很大的力气去做，甚至像小孩子一样地感情用事。只因为我相信对于我来说，这是一种精神食粮。我喜欢艺术品，还喜欢听有关它的故事，不然就是一种浪费。”

的确是这样的，业余爱好也是充实学习和工作生活的精神食粮。工作毕竟不像读小说一样地富有新鲜和乐趣，想要让自己保持着对待工作的热情和兴趣就一定要去培养，学会在生活中工作。只有保持着旺盛的精力和对生活的憧憬，才能更加努力地工作。把自己所有的时间都用于工作不是一种长久之道，这样会更加容易地失去对于工作的激情。为什么一份工作做一段时间后就会感到厌倦，就因为长期的重复劳动使得人们对工作丧失了最初的激情。那么，调配就是非常重要的。想想看，如果完全没有一点自由的时间，享受不到生活的乐趣，久而久之，就会对生活失去了兴趣和渴望。如果这样，那么还有可能去面对工作么？不可能！

所以，我知道我想要获得成绩。这个过程并没有像成绩这个结果一样的让人容易接受，只有学会调配过程，才能走得更好。

其实，说起来，我们的人生都是一个过程，想要把这个过程走好并不容易。这期间，遇到挫折时，我们要学会让自己积极思考，面对成绩时，要学会让自己不能浮躁，面对困苦时，要学会寻找快乐，这一切，都需要调配才能达成平衡，没有平衡怎么走得更远？

行动与思考：

1. 长期处在强大的工作压力下，思维会越来越僵硬。

2. 如果有可能，给自己放个假放松一下心情。

3. 从自己感兴趣的事情中，寻找到激发自己思维的信息。

4. 能不能做到激情永续，关键还是要从心理和身理上自我调节。

第二节 面对困难，选择坚强

挑战如果不严峻，就不能使人进步。所以，我不能排斥工作中的每一个困难，只要坚持、坚强，我相信一定会渡过每一个难关。

困难是挑战，更是机会

每年，琦金国际文化公司都有一项特殊的工作，在有关部门的规定内，要联合高校法律专业的学生进行一些法律援助活动，目的就是为了帮助一些需要法律帮助的困难人群。这是一项带有很强社会意义的工作，对于琦金国际文化公司来说，也是培养新人的机会。

今天上午，琦金国际文化公司领导和老林沟通后决定，执行此项任务的名单中有我一个。当我得知这个消息时，并没有高兴，而是感到很大的压力。将近三个月，我一直在老林的带领下工作，现在要让我独立去执行任务，尽管还有高校的大学生一起，但我要完全转变角色，高校的学生需要我去带领他们。

作为我的上司，老林觉得有必要和我沟通一下。他说："家明，你可一定要把握好这次机会。这种任务向来是咱们所考察新员工是否有潜力的一个重要途径，虽然，你现在是法律助理，这次任务回来也应该继续当我的助手，但是，只要你具备资格而且又有了实战经验，你会很快成为见习法律工作者。"

其实，老林说的情况我大概已经了解了，这次的工作对我来说绝对是一个很好的机会。可是，我还是忍不住要担心自己是否能胜任。

老林看我面有难色，睿智的他就猜到我担心什么问题，于是，接着鼓励我："几个月的共事，我相信你有这个能力，否则我也不会向琦金国际文化公司推荐你，不仅是我，你的努力和能力是其他同事也有目共睹的，琦金国际文化公司一样相信你能行。”

老林的话确实给了我一些信心。大学毕业时，我已经通过了国家统一司法考试，具备了法律从业资格。但是，想要当一名真正的法律工作者，光有资格证远远不够，还需要实战经验。所以，我选择了编辑助理这个职位，在这里积累知识和经验。在琦金国际文化公司的这段时间里，我看到了学校里看不到的真实案件，学到了学校里学不到的各种知识，包括办案实践程序和法律工作实践等。一路走来，我努力、开心地工作着，但工作中的确存在了很多困难。从校园到社会，有着很多转变，需要适应新的环境、需要面对工作的压力、需要和谐地和同事相处等，这些都是让人目不暇接的。忙碌时，我好像忘记了这些困难，但是，这些困难是确实存在的，我为自己骄傲，我知道，我成功地实现了从学生到职员的转型。我还没来得及冷静地面对这一系列变化，也还没来得及品味这些收获的喜悦时，困难又接踵而来了。现在，摆在我面前的工作将更加具有难度和挑战。

琦金国际文化公司针对这次工作开了一个动员会。文件上写着这样一个鼓励员工奋进的故事：

一个风雪交加的冬天，户外的天气格外寒冷，东北一所学校里，同学们都在谈论着这场风雪。这时，鼻头被冻得通红的老师走进教室宣布一个命令：“请同学们和我一起去操场。我们要立正五分钟。”

刚才还热闹的教室立即安静下来，暖烘烘的教室不待，谁愿意跑出去挨冻呢？

老师看同学们磨蹭着不想出去，还有几个娇滴滴的女生开始往后缩。老师说：“不上这堂课，说明以后也不愿意上我的课。”

命令果然起到作用，同学们都跟着老师到了操场。老师什么也没说，面对同学们站定，脱下外套和毛衣，身上只有一件单薄的秋衣，还不时地被寒风吹起。

后来，每一个同学都规规矩矩地立正了五分钟。

回到教室后，同学们都感慨，以为自己敌不过那场风雪。可是，当不得不面对困难时，人就有了力量来战胜它。

当然，老师并没有过分要求他们，只是让同学们体验一下这种面对困难的感觉，再大的困难都是可以挺过去的。

我知道琦金国际文化公司想通过故事让我们懂得困难无处不在，而且有的困难是不得不面对的，但是，当我们勇于接受挑战后，将会收获一些宝贵的精神财富，它能帮助我们更加从容地面对接下来的挑战。

仔细想来，我应该感谢琦金国际文化公司给了我这样的机会。就像洛克菲勒说的："除非你放弃，否则你就不会被打垮。"我怎么能选择放弃，成功的人士总是告诫他人，要善于把握机会，我一定要勇敢地面对这个困难，因为，它是困难，也是挑战，更是机会。

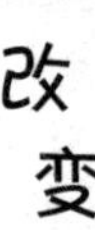

迎接挑战

足球场上的众多球星中，英国人贝克汉姆不是我最喜欢的一位，相比较而言，我更喜欢巴西人，就像罗纳尔迪尼奥一样的。可是，2006~2007下半赛季的西甲联赛上，贝克汉姆感动着每一个热爱他和不热爱他的球迷。

贝克汉姆不仅长相英俊，更为让人们津津乐道的是他的“贝氏弧线”，守门员在面对他的吊射进攻时，显得那么无奈。

然而，在西甲2006~2007上半赛季的赛场上，我们很难看见效力于西班牙皇家马德里球队球员贝克汉姆的身影，他经常被冷落在替补席上。而且，没有入选进英格兰国家队的噩耗更让这位足坛巨星感到失落。无奈之下，贝克汉姆只能选择转会美国大联盟。

可是，这一切的打击并没有让贝克汉姆放弃，他默默地承受着舆论的批评和赛场上的冷遇，在关键时刻，他用男人的勇气带领皇马上演了西甲下半赛季最疯狂的抢分，带伤上场的他为了坚持比赛，让队医打止痛针。皇家马德里最终夺得了联赛冠军，每一个人都看到了这个冠军杯里贝克汉姆坚强和拼搏的背影。

赛场上贝克汉姆面对困境时所固有的坚持让我感动，更让我深省。人啊，不论在哪个时期，都会面临着各种各样的困难，有的困难可能自己并未预想过，但它却像潮水一般地涌来，关键是任何时候，都要学会不让自己退缩，不让自己放弃。

今天，中央电视台体育频道《天下足球》栏目做了一期有关贝克汉姆的节目，编导以这样一句话来形容贝克汉姆："他是宠儿，也是弃儿；他被追逐，也被放逐；他在失重中重获尊重，更在尊重中赢得更多的尊重。"看完后，我有些感伤，更加深刻的是，他让我有了一种面对困难的力量。我想，小贝的这段在赛场上失而复得的经历比励志书更加有说服力，他让我真切地感受到了坚强的毅力是怎样打倒困难的。

以前，每当夜幕降临，我站在窗户前看着星星点点的亮光时，心中透着一丝丝的凄凉。因为，这座城市虽然繁华和喧闹，可我却是一个远离父母只身在这里拼搏的年轻人，这里没有亲人的爱抚和帮助，我遇到过困难，而且我不知道今后还会遇到什么困难，所以，我对未来的奋斗之路有着一丝胆怯。今天，我依旧站在窗前，但是，我有了一种勇气和信心，我知道面对困难时不能胆怯，只能坚强。

我想到了自己这次的任务，虽然困难，但我一定要去完成它，而且要尽自己最大的能力去把它做好。

早晨，我和高校的两个学生在参加了主办机构组织的会议后，做了一个工作计划，和他们进行了必要的沟通以及简单的分工。下午，我们就接到主办方那里移交来的案子。是一个消费者和超市之间的纠纷。案由是因为消费者在超市购买超市促销的袋装食品时，超市没有把生产日期明示给消费者，超市的外包装的生产日期和内包装里产家标明的生产日期不符。所以，消费者在不知情的情况下购买了产品。当消费者发现后欲向超市退货时，却遭到了拒绝。理由是虽然内外包装的生产日期不符，但是没有超过产品保值期，超市不给赔偿。消费者想到了以法律解决此事，想要讨回公道。

尽管案情并不复杂，但我想，既然是锻炼，我就应该按照琦金国际文化公司的正规程序来处理。需要做接待笔录，还需要进行案情审查，来确定是否能确定代理。

工作虽然忙碌，但是心情是更加忙碌的。我知道人有时候感觉到累，一部分是由于身体的疲惫，另一个主要的原因是因为心理有压力，心理的疲惫会让人感觉到更累。一天工作下来，我并未感觉到轻松，因为还有更重要、更严峻的工作等着我去做。所以我应该打起十二分的精神，迎接挑战。

把压力变成动力

我知道压力的产生主要是由于有很强的责任心，因为看重身上肩负的责任，因为担心自己不能顺利、圆满地完成任务，所以才会产生压力。想来，这样的心理负担是正常的，但是，如果不能把压力转化，强烈的心理负担就会给行动带来束缚，也造成精神紧张，要懂得把压力变为一种动力。

其实，每天完成工作后，我静静地坐着写工作日志也是一种释放压力的行为。把一天的疲惫、快乐以及对工作的感悟、收获写进来，就像是诉说自己的心事一样，我能体验到工作带来的每一种不同的心情，每一天都感觉到自己在成长。

要想释放压力就应该真实地看待压力产生的原因，只有这样，才能把压力转化成动力。一整天忙碌的身心都应该在此刻冷静下来，我想，我感觉到有压力的原因正是因为觉得有责任把工作做好，还有一个原因是想得到自己的承认，想得到别人的承认。

当我面对沉重的工作压力时，脑子感觉混乱，如果能把压力处理好，就能变成最好的动力。

我想到高考前由于升学压力，同学们都紧张、疲惫。班主任试图于是给我们缓解压力，给我们讲了这样一件事：

有一位出身农家的学生，祖辈都以耕种为生，他的家族中没有一个大学生，全家把所有的希望都寄托在这个即将高考的孩子身上。所以，这个孩子身上带着诸多的东西，“出人头地”和给家族增光的意识使他倍感压力。

高考前夕，他看着黑板上每天变化的高考日期倒计时，眼前浮现的是家人企盼的目光，父亲甚至卖掉了家里的几口猪，买了一些营养品给他送到学校。责任给他造成了巨大的心理压力，他出现了食欲下降、心慌等一些症状。

高考终于如期而至，由于过度紧张和压力，考场上的他脑子一片空白。这一次，他落榜了。

第二年，他的情况依然没有好转，而且更加严重，因为他不仅紧张，还带着前一次落榜的失落。考试前，他甚至想到放弃。考试结果下来，他又一次落榜了。

经济条件不宽松的家庭已经不能承受他再一次复读，他放弃了，决定在家种地。这一次，他彻底解脱了。一个月的农村生活，他在帮父母干活时不断地想着自己的未来。他不甘心，思前想后，他决定去找以前的老师，希望他能给自己出些主意。老师告诉他，假如还愿意再试一次，老师可以帮助他。但是，不要让家人知道，谎称自己出门打工。他想再试一次，也是最后一次，假如落榜，他就彻底死心。至于老师的资助，他会去挣钱报答。

有着破釜沉舟一般心境的他，第三次坐在考场中时，没有紧张和压力。他知道，他拼搏的动力就是为了能够实现梦想，但并非压力，“条条大路通罗马”，他懂得不论今后选择什么生活方式都需要努力。有了这样一种轻松和冲劲，再加上平时的功课复习得不错，这一次，他成功了。

现在，我正是面临着这种情况，负责和获取承认压着我，但它们恰恰也是我前进的动力，感到压力只是因为太在乎成败。尽管我需要把工作做好，但把工作做好这是一个结果，确保这个结果能如自己所愿是需要付出努力的，这是一个努力的过程，我努力把过程做好，至于结果，我知道应该是美好的。

如果不能把压力转化成动力，恰恰只能起到反面作用。因为有压力，所以有动力。但是压力也是需要淡化的，看淡结果，就能淡化压力。所谓的看淡结果，并不是说不负起该负的责任，努力的过程不能松懈，放松的是自己的心态。

行动与思考：

1. 假如情绪紧张，可以改变饮食习惯，多食用舒缓神经的食品，鱼类以及绿色蔬菜都是很好的选择。

____

2. 周末抽出时间去做一些户外运动，比如登山、球类等运动。

____

3. 当面对困难或压力时，读一些思想积极的书，不要悲观地面对人生。

____

4. 很多成功人士的小故事都是值得一读的，当你了解了他们经历困难、战胜困难的事迹后，你能更加坦然地面对眼前的困难和挑战。

____

第三节 态度决定一切

我喜欢安逸，但生命却不容许我无休止地享受安逸而不付出汗水。作为员工，敬业是一种基本的职业道德。尽管执行过程中充满了艰辛，但我必须这样做。

态度就是竞争力

怎样的工作态度是老板满意的？任何一个领导者都希望自己的员工有高度的敬业精神，因为敬业是保证工作质量的一种工作态度，员工具备了敬业精神，就具备了竞争力。

人人都知道，敬业是需要付出实际行动的，必须付出汗水。每个人的职业轨迹是由自己谱写的，有的人能够成为公司里的核心员工，得到老板的器重，这源于他对待工作的态度。众所周知，没有人天生就能获得成就，每一个胜利都是自己创造的结果。从天赋来说，大部分的人都没有很大的差别，那么，差别就在于对事物的认知，在对自己的要求和对待工作的态度上。

梁启超在他的《敬业与乐业》中有过这样的精彩描述："敬字为古圣贤教人做人最简易、直捷的法门，可惜被后来有些人说得太精微，倒变了不适实用了。惟有朱子解得最好，他说：主一无适便是敬。用现在的话讲：凡做一件事，便忠于一件事，将全副精力集中到这事上头，一点不旁骛，便是敬。业有什么可敬呢？为什么该敬呢？人类一方面为生活而劳动，一方面也是为劳动而生活。人类既不是上帝特地制来充当消化面包的机器，自然该各人因自己的地位和才力，认定一件事去做。凡可以名为一件事的，其性质都是可敬。当大总统是一件事，拉黄包车也是一件事。事的名称，从俗人眼里看来，有高下；事的性质，从学理上解剖起来，并没有高下。只要当大总统的人，信得过我可以当大总统才去当，实实在在把总统当作一件正经事来做；拉黄包车的人，信得过我可以拉黄包车才去拉，实实在在把拉车当作一件正经事来做，便是人生合理的生活。这叫做职业的神圣。凡职业没有不是神圣的，所以凡职业没有不是可敬的。惟其如此，所以我们对于各种职业，没有什么分别拣择。总之，人生在世，是要天天劳作的。劳作便是功德，不劳作便是罪恶。至于我该做那一种劳作呢？全看我的才能何如、境地何如。因自己的才能、境地，做一种劳作做到圆满，便是天地间第一等人。”

一个人能把工作做好既在于他的能力，还在于他对待工作的态度，全心全意地做好每一件事，关键是要付出真心，世上无难事，只怕有心人。用心做与用手做不一样，只有用心做才能获得好的质量和效果，也才能不辜负客户和公司的期望，工作中要牢记“不做便罢，做就做好”。

《林肯传》获得普利策历史著作奖，成功源于该书作者桑德堡那孜孜不倦的精神和专注，这部著作花了他很多时间。那时他住在密执安湖边，在每个早晨的一个固定时间，他都会出现在湖边的沙滩上，一边低头漫步，一边聚精会神地构思。当地人说他天天如此，非常准时，甚至看见他在那里就知道当时是几点了。

有几位邻居决定开个玩笑，他们花钱请来一位又高又瘦的演员。一天早上，他们给他戴上长胡子和一顶高帽子，穿上大衣，披上披肩，然后让他朝桑德堡走去，他们躲在远处，想看看会发生什么情况。只见两人慢慢走近，又交错而过，桑德堡抬了抬头，又低下头去。那个演员回来后，好奇的邻居们问他：“他干了什么？”

“什么也没干，只是看了看我。”

“什么也没干？”

“他鞠了躬。”

“他没说些什么吗？”

演员的眼神有些恐慌。“他说……他说的就这些。”

“他说什么？”

“他鞠躬后说：‘早上好，总统先生。’”

是的，敬业虽然要求人们付出汗水，但只有这样才能把工作做好。持有认真的工作态度就能勤勉进取，比起得过且过的人来说，这就是获得成功最好的武器。不管自己所在的机构有多大，想要有所作为的人，都应该把工作当成自己的事业来做，用心去做，虽然坚持这种工作态度不是一件容易的事，但却是一个人取得工作成绩最好的办法，拥有了这样的竞争砝码，就能在职场中走得顺利。

接受工作的全部，不止是收益和快乐

没有人会拒绝工作带来的收益，这是我们工作的一个目标，享受付出后的回报是理所当然的，可是，工作给我们带来的不仅是收益，还必须有我们的汗水。当接受工作给我们带来高薪的同时，也不要忘记必须要付出的工作态度。

每一种工作有其特定的辛劳之处，对于体力劳动者来说，或许会因为某些环境的原因感到需要付出更多的劳动力；对于脑力劳动者来说，也因为没有思路而苦苦思索。所有这些，都是一个从业人员应该接受的，这就是工作带来的全部。如果推三阻四，就会遭到别人的唾弃，记住：工作就是这样，请接受它的全部。

琦金国际文化公司的薪资在业内还算是比较中肯的，尽管比起编辑来说，编辑助理的薪水要少得多，但此职务在业界却是不低的，但是，在我接受薪水时，也就意味着我要付出自己的努力。只知道享受工作带来的收益和快乐的人，是一种不负责任的表现，不能在喋喋不休的抱怨中应付工作。

企业老板常常感叹敬业的员工太少，员工更加关心的是能得到多少福利，而不去关心自己得到福利需要付出什么努力，工作既不认真也不努力，犯了错不想改正，别人也不能说，要求严格了，便辞职离开。

敬业观念的淡薄让很多人失去了在工作中进步的好机会，其实，员工既然接受了工作带来的收益，就应该遵守。很多人敬业观念的缺失是没有意识到“劳有所得”的含义，我们得到的前提必然是付出。对于任何一家想要以竞争取胜的公司，领导人都希望员工是敬业的，没有敬业的员工，就没有高质量的产品，也没有高质量的服务。工作既然是我们的天职，那么，敬业也就是我们的责任，工作敬业并不只是为了老板，这是双赢。

敬业者，康熙也称的上是一个典范。身为帝王，按照今天的说法，他的职位虽然权倾天下，但也在勤奋工作。

想要治理好整个国家，满族皇帝康熙学习汉族的文化，嗜书好学、孜孜不倦。他在少时就手不释卷、书不离身。即使亲政以后，每天事务繁杂，日理万机，但依然读书不辍。他认为只有饱读诗书，才能博通古今，结识有才之人，学习先贤的智慧，处理政事才能游刃有余。

康熙最被人们称道的就是几次出征平定天下。要知道，出征是危险的，比起皇宫，不仅条件艰苦，一路处理政务、军务所饱受的艰难更多。但，康熙用兢兢业业的工作态度换取了史上有名的“康乾盛世”。

成功学大师拿破仑·希尔说：“敬业为立业之本，不敬业者终究一事无成。”这并不仅仅是老板对员工的要求，更是员工出于双赢考虑作出的明智选择。企业存在的首要目的就是为了获得利益，这也应该是公司全体同仁的一致目标。

假如三心二意地对待工作，那么请走开

良子在一个朋友的公司里打工，分配给良子的工作，老板总是要催着他干，否则永远也看不到他的工作结果。

良子每天都显得非常忙碌，他在忙着玩电脑游戏，忙着和别人聊天。他不拒绝工作，但是没有一个时刻全心全意的工作态度。他说自己就是有本事处理好工作和休闲的关系，他的方法就是一边工作，一边打游戏。洋洋得意的他以为自己能在工作时兼顾游戏，可是，这样的做法却苦坏了老板。

鉴于朋友的原因，老板对良子一忍再忍，始终没有对良子三心二意的工作态度表示出不满，尽管几次从侧面提醒过他，但良子依然我行我素，不把劝告放在心上，对工作始终不能一心一意。

矛盾激化到一定程度后，忍无可忍的老板终于采取行动了，因为工作的正常秩序被良子严重打乱，很多工作都被耽误了下来，老板对良子下了最后通牒，希望他尽快把这种工作作风改变一下，工作时全力投入，工作顺利完成后，才能娱乐。可惜，良子根本就不知道要改变，最后他收到了公司给他的辞退函。

当听到朋友说这件事情时，站在一个旁观者的角度，良子的确非常可气，对工作三心二意的人让人哭笑不得，想想看，也更加深刻地意识到自己千万不能成为一个那样的员工。既然是工作，就一定投入

全部的精力，这样才能把事情做好。

所谓一心不能二用，就是这个道理，想要两头兼顾，那是太难了，三心二意和一心一意做出来的东西肯定是有区别的，两头都要兼顾就什么也得不到。所以，给工作一个全心全意的态度才是成功的秘诀。

刚刚工作不久，虽然我没有丰富的工作经验，但我却知道工作态度是可以由自己来决定的，就像是在学校中学习一样，三心二意的态度是最不可取的，学习搞不好，玩也玩不好。选择什么样的工作态度就会得到什么样的工作成果，任何取得成就的人都是工作时非常专注的人。

想要获得伟大的成就，就得有魄力拿起剪刀，把所有没有把握的希望都剪除，即使那些已经有些头绪的事情，如果无法做到全心全意，也要忍痛剪掉。一些失败者，不是由于他们没有能力，而是因为他们不愿集中精力去做一件事情，他们把时间和精力浪费在了很多零碎的事情上，但是他们不能明白，只有专心地干一件事情，拿出百分之百的努力，才能有所成就。

发明大王爱迪生在纽约寻找工作时，由于一家经纪人办公室的电报机坏了，唯一一个能修好电报机的爱迪生便谋得了一份工作。他在与波普一起成立的公司里发明了爱迪生普用印刷机，因此获得了一笔收入，并用这笔收入建立了一个工厂。

工厂建立后，爱迪生通宵达旦地工作。在发明留声机的同时，为了点燃一盏真正有广泛实用价值的电灯，使得灯丝经久耐用，他大约用了六千多种纤维材料才成功地找到了发光体。爱迪生那种一心一意的精神使得他为人类文明做出了巨大的贡献。一个人想要有所成就，没有全心全意的工作精神就不能达成目标。这是真理，往往视真理为自己行动准则的人，才能够取得胜利。

既然有选择态度的权力，我就要把握住这样的机会，全心全意协助好法律办案就是我的工作职责。今天，老林让我做一个调查报告，设计一份调查表，主要针对本市工作密度高的几个办公区，明天一早就要审核，时间很紧迫。接到任务后，我立刻搜索各种调查表的资料，而且把老林以往接的案子拿出来分析，看看案子中的当事人对法律援助的态度如何，试图让调查表更加趋向于实际。下班前，终于做出一份自认为比较满意的报告交给了老林。旁边的同事还和我开玩笑："家明平时看着嘻哈，工作起来却很严肃，标准的林氏工作作风，看来老林是个好老师啊！"老林听完大笑，对我说："不错，继续努力。"

这一刻，我知道，不论是否有工作经验，想把工作做好最基本的态度就是全心全意，一个刚进入社会的年轻人更应该有认真的工作态度。从工作业务上来说，我不具备优势，只有工作态度是自己最强的竞争力，在认真中才能不断提高。

行动与思考：

1. 每个星期一早晨，从心理上做好要辛苦工作一周的准备。

____

2. 努力工作一天后，身体感到很疲惫，但是问问自己是否完成了既定的工作量。

____

3. 如果工作很忙，推掉一些生活中可有可无的类似于逛街之类的活动。

____

4. 上班时间提醒自己不要去做和工作无关的事情。

____

第六章
改变方法

第一节 一切从零开始

陌生的的环境，包括老板、同事和工作事务；熟悉的是自己做事情的那种一如既往的态度和热情。我暗自对自己说：把这里视为自己事业的起点，一切从零开始。

零点就是最好的起点

今天，我加入了一个全新的集体。这里，没有熟悉的同学、朋友。在我顺利办好入职手续后，琦金国际文化公司的人事部经理准备给新员工开了一个简短的会议。

之后，林主任也来了，他开门见山地说："我叫林凯奇，琦金国际的主任，大家以后叫我老林就可以，肖家明也一样，我喜欢这样的称谓。"他说完后，朝我笑了一下。我知道，从现在开始，他就是我的直属上司。

接着，林主任又说："这次招聘，琦金国际录用了五位新员工。作为主任，我被派为代表和你们沟通一下。"

坐在会议桌前，环顾四周，发现大家和我一样，眼睛里闪现出新奇、热情和期待。简短的自我介绍后，林主任开始了他的发言。他告诉我们：一切从零开始！并给我们讲了一个故事：

以前，希腊艺术家迪曼瑟斯带着满腔的理想和抱负拜师在一位非常有名的艺术大师门下，多年后，在恩师的指导下他勤奋练习，终于画出了一幅杰作，这幅画充分地展现了他的才华和功底。打这幅作品成功后，迪曼瑟斯终日坐在画前欣赏自己的杰作，兴奋之情久久不能熄灭。

有天早晨，迪曼瑟斯进入画社时，眼前的场景顿时把他惊呆了，恩师把自己的杰作烧了，此时已经化成灰烬，带着满腔怒火的迪曼瑟斯无法压抑住自己的情绪，质问恩师为什么这样做。

恩师告诉他："我这么做完全是为了你好，这幅画固然是杰作，但它算不上完美，你整天沉浸在欣赏这幅画的喜悦中，你的绘画技巧将会退步。现在，你重新出发，才能有更大的进步。"

迪曼瑟斯听完恩师的一席话，目瞪口呆之余也深受启发。最后，他创造出了《伊菲杰尼雅牺牲》这幅传世千古的杰作。

林主任讲完故事后，告诉我们，从进入琦金国际文化公司的第一天开始，就把这里当成自己事业的起点，一切从零开始。

他的一席话让我豁然顿悟，一直以来，我都忽略了让自己从零开始的真正含义，其实重新塑造一个全新的自我是一种状态。这样做或许会让自己产生恐慌，把自己打回到基点并不是一件容易的事，因为这意味着要舍弃原来的一切，不论心理还是行动，只有把自己掏空，才能装进更多的知识，发挥出最大的能量。就像是水杯中的水一样，把杯子腾空才能装进更多的东西，如果杯子是满的，就不能装进别的东西。所以，零点就是起点，而且还是最好的起点。

面对新的工作，甚至小到每一件事情，都要有这样的心态和度量，不论我以前有过任何经历，不论我曾经是否有过傲人的成绩，从这里开始回归了，就像斯诺克球桌上的彩球一样，校完黑球后，还需要摆回到原点，重新接受挑战。

其实，很多学校和企业，他们也是这样要求学员和职员的。其中，西点是一个最好的例子，他们就是这样教导新学员的。被西点录取的新学员，在中学时代都是"天之骄子"，他们有着优异的成绩和卓越的个人能力，但这样的优越感到了西点就像烟一样地消失了。西点认为，优越感会让他们刚愎自用，所以，新学员一进校门就要接受严格的训练，让所有学员都明白自己是这个集体中普通的一员，没有过去，路是在这里开始的。

那么，对于一名新员工来说，更应该有这样的意识，我必须积极地接受新的企业文化，我必须遵守新的规章制度，尽管这些观念在我看来都是新的，没有接触过的，但是，我确信，这些理念和制度是让这个企业得以发展的基础和保障，我有义务来维护它们的权威，我也确信，在这里，我将会有更大的进步和发展！

从底层做起

面对一连串简单的工作，我不禁有些心烦，开始抱怨为什么老林让我做这些简单的事情，我对它们没有兴趣而且还觉得乏味，整理这些平淡无奇的资料，还不时地充当跑腿的角色，这样的工作让我有些怀疑起上司的安排是否正确。

这种心态让我做事情开始草率，当坐在办公桌前整理着办公用品时，日历上赫然写着的“一切从零开始”映入了眼里。我开始仔细思考着这句话，原来，老林在第一天就重点传达的这句话并不是空穴来风，想要从零做起就一定要从底层开始做起，而老林的安排也必然有他特殊的用意，我既然有一种一切从零做起的决心，就一定要让自己从基层开始做起。

一个新员工无论以前多么优秀，对于现在的企业而言却是空白的。企业对待每个人都是一视同仁的，每个人都须从简单的事情开始做起。要明白一个道理，每一件事情都值得我们去做。在做一件事情时，态度才是决定工作是否乏味的调味剂，如果有一个好的心境去处理问题，即使是做简单、基层的事情，也不会觉得乏味，更不会觉得没有意义。

两个同为一所著名大学的高材生在一家电视台做见习记者。

一个朴实无华，虽然没有表现出特殊才能，但却手脚勤快，不论刮风下雨、路途远近，他都不愿意错过一个新闻。他在实践中不断地成长，不时写出一些优秀的采访稿。即使是在台里没有采访任务时，他忙前忙后，扫地、打水这些零碎简单的事情他也乐意去干。

另一个在进电视台之前有着非常不错的成绩，很多作品都曾经发表在报纸上，可是，现在他却不能从头做起，小新闻不愿意采访，要么嫌采访对象不好，要么嫌工作琐事太多。

半年的实习期很快就过去，前者顺利地和电视台签约，而后者却疑云重重，为什么电视台不在乎他以前那些傲人的成绩。

的确，工作中很多事情都是琐碎的、简单的，既然决定从零开始做起，就不要抱怨自己的工作平淡无奇，就不要抱怨经常做着那些基层的工作。抱怨会引发很多不必要的麻烦，千万不要做一个眼高手低的人，认为自己很出色，但却得不到别人的承认，归其原因，就是因为没有一个明确的工作态度，不能认真地对待工作中的每一件事。

想到这些，我不禁提醒自己，从现在开始，自己不能做一个眼高手低的人，再也不能抱怨老林给自己安排的工作太简单，每一件事情都值得自己去做。

巴黎的卢浮宫收藏了著名印象派大师莫奈的一幅作品，画面上描绘了女修道院厨房里的情景，厨房里有正在忙碌的人们，一个正在架水壶烧水，一个优雅地提着水桶，还有一个身着厨衣正伸手去拿盘子，她们都从事着我们生活中非常普通的事情。可是，画面给人的感觉是和谐、愉快的，她们都不是普通的人，而是天使。它给人传达了两种意思，一种就是只有认真工作的人，即使从事着简单的工作，全神贯注的状态也会让她们像天使一样美丽；另一种应该是即使是天使也在从事着最普通的工作，再小的事情也值得天使全心全意地做。

不给自己任何退路

从零开始的含义不止是从基层做起，它还要求我不给自己留下任何余地。当我得知自己获得这份工作时，我就暗自下了决心，我一定要在琦金国际找到自己的位置，既然选择和被选择进入了这家企业，就一定要和它共同发展。

这样的想法是对自己的信任，也是对企业的信任。我相信自己能在这里成长起来，不论成长的过程中有多少困境需要克服，我一定能在这里达成目的，同时，也相信企业能给予我发挥的平台，如此，这里不仅是我的出发地，还是我的目的地。从零开始的含义也就是告诉企业中的每一个职员，在这里，每个人都有自己的舞台和空间。

通常，人在没有退路的情形下，更能发挥出巨大的能量。这是一种本能的意识，路还要走下去，没有退路时，就会千方百计地想怎样继续往前走，此时自然就会有一股强大的力量战胜重重困难。

一个公司组织员工进行训练，任务是达到某一个目的地，公司为他们设定了几条线路。其中，有一个年轻人在完成任务的过程中，一开始就给自己预备了一条后路，他在走过的路上做了标记，如果行不通，就回到出发地。

这样，他选择了第一条路，走了一段后，他遇到一些障碍，但他没有积极地想办法克服障碍，因为他有后路可退，于是他照着原来的标记回到起点选择走第二条路。不巧的是，第二条也同样碰到了障碍，他又原路返回了起点。这样往复几次，他只有最后一条路走了。与之前不同的是，这次他没有留下标记，因为他知道回去也没有可以选择的路，这条路只能是他走到目的地的起点。同样的障碍还是出现了，这一次，他没有退缩，因为他没有退路，他思考解决问题的办法，最后，年轻人克服了重重障碍，成功地到达了目的地。但是他却发现，其他人早已先他到达，因为他们选择了某一条路就把那里当成是到达目的地的起点，事实证明这种一切从零开始、不留后路的做法必将会成功。

今天，一起进入公司的大立对我说，我们应该接着寻找其他的招聘单位，假如在这里工作得不愉快，就转去另外一家公司。我想着大立对我说的话，觉得这样的工作态度有些不妥，还没有开始，就已经想好了失败的退路，工作起来就没有动力。有时候，没有退路的压力就是一种动力，每当想到自己没有其他退路时，就滋生了一股不达目的不罢休的精神让自己必须达成目标。

如同故事中的那个人一样，心里总想着自己还可以回头选择其他的方向，只要一碰到困难就会退缩。其实，回头想想，困难是无处不在的，此刻不解决，也会在其他的地方遭遇到，只有迎难而上，把这里当成自己事业的起点，同时也坚信能在这里能实现自己的目标。

行动与思考：

1. 在任何时候，都不要想到自己以前的种种情况，一切从头做起。

____

2. 当你整天面对简单的工作时，不免告诉自己，小事也值得自己好好去对待。

____

3. 从你加入公司的第一天开始，就表示你认同了公司，那么，就从这里开始奋斗吧。

____

4. 即使在公司做出了一些成就，也要时刻提醒自己，保持最好的状态迎接新的挑战。

____

第二节 勤奋付出

主宰自己命运的方式就是让自己再勤奋些，我将牢记：勤能补拙是良训。

我不能左右时间，但我可以再勤奋些

当发现自己有那么多不懂的东西时，我的第一反应就是着急，怎么能够不着急呢？因为担心自己无知，所以才会恐慌，可是恐慌之后细细分析，怎么做更好呢？惟有勤奋，韦尔奇曾说过：“勤奋就是财富，勤劳就是财富。谁能珍惜点滴时间，就像一颗颗种子不断地从大地母亲那儿吸取营养那样，惜分惜秒，点滴积累，谁就能成就大业，铸造辉煌。”

是的，勤奋能为我赢得时间，想想爵士乐史上了不起的音乐家查理·帕克尔。他曾经在坎萨斯城被认为是最糟糕的萨克斯演奏者。在长达三年的时间里，他的情况糟透了，甚至连一家愿为他试演的剧院都找不到。

他在逆境中拼搏，每天11~15个小时的刻苦练习。三年后，他的独奏变得非常轻盈，又充满惊异和勃勃生机。炉火纯青的技巧终于使他开创了一种前无古人、后无来者的音乐风格。

我应该为自己的梦想付出努力，不是吗？懂得时间可贵，就更应该勤奋。懒惰只能让我为梦想奋斗的时间一天天减少。成为一名出色的法律工作者是需要积累的，我有耐心等待着自己真正具备能力的那一天，然而，积累的不仅是时间，而是知识、技能、见识的增长。那么，惟有勤奋能把握住我的命运。

当然了，想想华罗庚教授一生勤奋的事迹，更能够鼓励我。怎么能够忘记他说的“勤能补拙是良训，一分辛苦一分才”这句话呢！

1910年，华罗庚出生在江苏省的一个小县城。他小时候，父亲在小镇上开了个小杂货铺，代人收购蚕丝，生活很贫困。华罗庚上初中时，对数学产生了浓厚的兴趣，他的老师王维克很器重这个聪明机灵的少年，常常单独辅导他，给他出一些难题做，这使少年华罗庚受益匪浅。

华罗庚初中毕业后，因家里无力再供他上学，便辍学在父亲的小杂货店里帮助料理店务。可这位酷爱数学的年轻人，人虽然守在柜台前，心里琢磨的还是数学。王维克老师借给他几本数学教材：一本大代数，一本解析几何，一本微积分。华罗庚便跟着这几位不会说话的老师步入了高等数学的大门。他18岁那年，在王维克老师的帮助下，去中学做了一名会计兼管学校事务的工作。后来他曾回忆当时艰难的生活：“除了学校里繁重的事务外，早晚还要帮助料理小店的事务。每天晚上大约8点钟才能回家。清理好小店的账目之后，只有在深夜才能钻研数学。”

华罗庚不幸染上伤寒，病好后，留下了后遗症，但他在贫病之中仍然刻苦自学，不但读了许多书，而且还勤于独立思考，敢于向权威挑战。19岁那年，他发觉一位大学教授的论文写错了，便把自己的看法写成一篇文章，题目叫《苏家驹之代数的五次方程式解不能成立之理由》，于次年发表在上海的《科学》杂志上。随后，华罗庚又连续发表了几篇数学论文，署名“金坛人”。

这个在数学论坛上崭露头角的“金坛人”，引起了清华大学数学系主任熊庆来教授的注意，他对这位数学天才很在意，便写信邀华罗庚到清华大学数学系当管理员。到清华后，华罗庚的进步更快了，他自学了英语、德语。24岁时，已能用英文写数学论文。25岁时，他的论文已引起国外数学界的注意。28岁时，他当上了西南联大教授。后来，他又被熊庆来教授推荐到英国剑桥大学去深造。在走过坎坷的自学之路后，他成了世界著名的数学大师。

1950年的一天，这位已担任了中国科学院数学研究所所长的著名教授，在填写户口簿时，在“文化程度”一栏里写了“初中毕业”4个字。这虽然使许多人惊讶不已，却是事实，他的的确确只有一张初中毕业证书。这位数学大师的数学知识，几乎都是通过自学获得的，他自己是这样说的：“聪明在于积累，天才在于勤奋”。

投机取巧就想实现自己的梦想是不可能的。一进琦金国际，在门厅过道的墙壁上，就有一副“勤能补拙”的字画，我每天都会看见它，每当走过一次，我就要问自己是否做到了，假如没有，说明自己松懈了，那就应该高度注意了，不能把懒惰延续下去。只有必要这样监督自己，才能赢得时间让自己成功。

付出使我更加充实

工作必然是使我劳累的，每天，我的工作日程都被排满，紧张工作时，不觉得自己有多累。可是，一旦下了班，才发现自己腰酸背痛。可不是么，我要整理笔录，然后还要给老林准备好讨论会的资料，还要经常去跑外勤。累了一天下来，我终于体会到什么叫“痛并快乐着”。

美国小说家马修斯说过：“勤奋工作是我们心灵的修复剂，它是对付愤懑、忧郁、情绪低落、懒散的最好武器。有谁见过一个精力旺盛、生活充实的人，会苦恼不堪、可怜巴巴呢？英勇无敌、对胜利充满渴望的士兵是不会在乎一点小伤的。当你的精神专注于一点，心中只有自己的事业，其他不良情绪就不会侵入进来。而空虚的人，其心灵是空荡荡的，四门大开，不满、忧伤、厌倦等各种负面情绪，就会乘虚而入，侵占整个心灵，挥之不去。”

是的，还有什么比勤奋工作更让人充实的。充实是一种多么好的感觉。脸上显现出自信、刚毅，我知道充实会让人更有生机。

职场中的人们经常会听到一些互相鼓励的故事。的确，工作压力很大时，每个人都疲惫，但是，疲惫的同时也能体会到快乐。

冬天的太阳照得人暖洋洋的，在一条宽阔的街上，一位老人在阳光下散步，道路两旁有供人休闲的长椅，老人走累了，坐在长椅上休息。这时，一个穿着体面，但却满脸愁容的年轻人走过来，坐在了老人身边。

老人就问她："小姑娘，你有什么不顺心的事吗？"

年轻人回答说："我住在附近的小区，刚刚和父母吵架了，出来散散心。"

老人说："什么大不了的事，让你这么无精打采。"

年轻人小小年纪，却长叹了一声，"我大学毕业快两年了，因为现在社会上工作难找，而且一直找不到合适的工作，我一直没有工作。家里经济条件好，再说，我男朋友也表示结婚后不用我出去工作。最近，我跟父母提出直接放弃找工作的想法，可是他们坚决不同意，他们说经济条件虽然好，但应该有一份自己的工作。"

老人看着她慈祥地笑了，摇着头说："现在的年轻人啊，不像我们那时候了。"

话音还没落，对面一位清洁工在打扫地面，神态很自如，还哼着小曲，丝毫都没有觉得工作又苦又脏，和年轻人的状态正好形成鲜明的对比。一个既有文化，穿着也讲究，另一个穿着普通的蓝色工作服，但是，后者身上有着前者身上没有的朝气和美丽。

老人就对年轻人说："小姑娘，你看看那位清洁工，你觉得她美吗？"

年轻人端详了一下清洁工，说："长得一般，还穿着工作服，但表情平和，衣服也洗得很干净，整体给人的印象很舒服。"

老人乐了，说："这就对了，你知道为什么吗？因为她虽然从事着城市人不愿意干的工作，又脏又累，而且收入也很微薄，他们住不起漂亮的楼房，买不起耀眼的汽车，可是眼前的这位工人却能如此享受自己的工作，并能在工作中寻找快乐，开心每一刻，这就是工作给了她一种充实感，这种感觉让她快乐，于是脸上自然呈现出了祥和、美丽的神态。年轻人，好好想想，你会明白的。”

其实，辛勤的工作何尝不是一种付出，不要回避自己应该去做的事情，这是一种不负责任的表现。心中如果有一颗“顽石”，总认为自己付出就是吃亏，最后将会更加吃亏。尽管付出就意味着承担责任，但给自己多点压力，就能做更多的事情。这是一种对自我的肯定，是一种对自身价值的确认。能够奉献的人，一般来讲，都是比别人更有承受力或具有更为突出能力的人。

我再也不会为了这种问题烦恼，恰恰相反，应该以付出为豪。因为这能向别人证明，自己是值得信赖的。一个人能承担多少责任，证明他的价值就有多少，想证明自己的最好方式，就是能比别人做得多一点。换一个角度来理解，我发现努力并不是单向的，因为我感受到了精神上的充实。

伏尔泰说过：“工作可以阻止三大坏处：无聊、邪恶及欲求。”工作是生命的真正精髓所在，最忙碌的人也是最快乐的人。惟有努力而持续地工作，才能精于任何艺术或职业。就像琦金国际一样，给人的感觉是忙碌而不失章法，当我看到和自己一样一张张充实和自信的面孔时，一种快乐洋溢出来，我们奋斗，我们劳碌，但是却无比充实。

行动与思考：

1. 早晨闹铃一响，就不要赖床了，否则会一天比一天起得晚。

2. 培养自己做事情集中精力的能力。

3. 只要自己能做到的事情，就去试一试。

4. 制定一个时间表，充分利用和分配好时间。

第三节 找准方向

我们的生活就像旅行，思想是导游者；没有导游者，一切都会停止。目标丧失，力量也会化为乌有。

找准努力的方向

在撒哈拉沙漠里，有一颗明珠——比赛尔。每年，这里都会迎来数以万计的旅游者。

以前，比赛尔是一个封闭落后的地方。这里的人们没有人走出过大沙漠，尽管很多人都想离开这里，去看看外面的世界，可是，多次尝试后没有人能成功地走出去。

肯·莱文来到比赛尔，他不相信这种说法。当他向这里的人们打听他们走不出去的原因时，当地人的回答都是一样的：从这里出发，不论往哪个方向走，最后，还是转回到出发点。

这让肯·莱文感到奇怪，他决定要证实这种说法是错误的。他从比赛尔村向北走，三天后，他走了出去。

肯·莱文纳闷为什么比赛尔人走不出去呢？他雇了一个比赛尔人带路，他们带足了水，并牵了两峰骆驼出发了。肯·莱文收起自己的指南针，只跟着这个比赛尔人走。走了十天，他们走了大约八百英里的路程，在第十一天早晨，他们果然又回到了比赛尔。

这一次，肯·莱文终于知道了比赛尔人走不出沙漠的原因，他们根本就不认识北斗星。在一望无际的沙漠里，如果只凭着感觉往前走，就会走出很多大小不一的圆圈，行走的轨迹是一把卷尺的形状。由于比赛尔村在浩瀚的沙漠中间，方圆没有参照物，比赛尔人既没有指南针，也不认识北斗星，想要凭感觉走出沙漠，那是不可能的。

找到原因后，肯·莱文离开比赛尔，走时，他带了一位叫阿古特尔的青年，这个青年就是上次他雇的年轻人。肯·莱文告诉阿古特尔，白天休息，晚上朝着北面的那颗星星走，就一定能走出沙漠。阿古特尔按照肯·莱文的话走了三天，他果然走到了沙漠的边缘。

从此，阿古特尔成为了比赛尔的开拓者，人们把他的铜像立在了小城的中央。

我知道，人生的每一个阶段都应该有方向，有目标。很小的时候，听数学老师说要“有的放矢”，当时不知道这个词是什么意思，还特地查了字典。的确，我应该有的放矢，而不是盲目而为。

当然，目标分为短期和长期的。制定了目标就相当于给自己找到了北斗星，有了目标才知道自己要往哪个方向努力。

今天看到中央电视台《商务时间》里请来一位嘉宾马咏梅。现场，她讲述了她奋斗的故事。

马咏梅从小热爱歌舞，10岁那年，在电视里看到环球小姐世界总决赛，她就怀揣着一个梦想，希望有一天能站在舞台上展示自己。为了这个梦，18的她跑到深圳，四处碰壁中，她学会了忍让和迁就，也懂得要发自内心的微笑。稍有积蓄后，她毅然到北京外国语大学充电，因为她知道选美不仅要容貌，更重要的是要有知识和才艺。

2003年，马咏梅在德国柏林获得国际洲际小姐比赛的季军，这是中国小姐在国际选美大赛中获得的最好名次。

有了明确目标的马咏梅是坚韧和不服输的，她这样描述自己：“从候机厅到登机，短短10分钟的路，我却走了15年。”

是的，每个人都一样，明确的目标能让自己有着清晰的奋斗方向。明确的目标是奋斗的风向标，指引着我朝着目标努力。从选择琦金国际的第一天起，我给自己定下的目标是将来的某一天能依靠实力成为一名出色的法律工作者。这个目标给了我很多精神上的支撑，每当我感觉疲惫时，想到了好好休息几天，这时候，成为法律工作者这一梦想支撑着我不能倒下；每当我遇到工作中的难题时，想到了退缩，这时候，也是梦想支持我勇敢地往前冲。目标对于我来说不仅是一个结果那么简单，它是我的支柱。不能想象，假如没有了目标，没有了支柱，我能在这竞争激烈的职场中坚持多久。假如没有目标，我早就被打倒了。

的确是这样，刚入职不到三个月，我已经感觉到职场生存的艰难，可是，我才刚刚起步，我的职业生涯才刚刚开始，未来还有很长的路要走，假如没有一种支撑，要怎么走下去？所以，我一定要牢牢地记住：目标就是我在职场生存的支撑。

当然，我也做好了充分的思想准备，即使自己达成了既定的目标，也不能忘乎所以，还要以更高的标准来要求自己，人生之路的每一步，我都要活出精彩！

赢得别人的青睐

身处不同的环境，和不同的人打交道，很多人都觉得自己身上有很多优点都没有被发掘或是没有引起别人重视。当遭到冷遇时，就会失落，想到为什么自己的优点不能给自己带来机遇时，就会怀疑自己。

我遇到这样的问题时，也感到有些茫然。我懂得要扬长避短，可是偏偏有些时候自己没有机会去发挥自己的长处，于是就失望了。为了迎合别人而改变自己，这其实并不可取。改变自己是应该的，我需要改变自己，但并不是改变自己的优点，而是改变自己的缺点，同时不能放弃自己不被别人重视的优点。

确实，不被别人重视有很多方面的原因。或许是因为别人没有注意到，或许是因为别人认为这样的优点不适合那份工作，总之，没有把优点发挥出来是件郁闷的事。可是，每当接受这样的打击时，我也犹豫过，想到是不是要改变自己去迎合别人，经过思想斗争，我还是决定要坚持自己的优点。不能放弃优点，缺点可以改变。优点毕竟是优点，怎么能够放弃呢？升迁虽然具有很大的诱惑力，可是还是要牢牢地把握好自己的原则。

我来琦金国际文化公司以后，也遇到过这样的问题。有时候觉得有些工作自己可以去完成，但没有得到机会。一时失去了自信，陷入了迷惘。可是，我能很快调整这种状态，我知道，只要努力，一定会赢得机会。这一次公司对我的派遣就是最好的证明。其实，自己的进步，每个人都会看在眼里，如果自己放弃了，才会真正错过机会。

人的某些做法往往只在于一念之间，学会如何选择非常重要。自身的优点也一样，应该有一个判断的准则。那么，这个准则是什么呢？要有正确的人生观、价值观、道德观。个性化的时代让人们找到更多借口来掩饰自己的自私和贪婪，甚至为了追求名利放弃了做人的基本原则。其实，任何事物都有一个基本的准则，假如缺失了起码的标准，将会失去所有。我不能因物质和虚荣让自己失去判断的标准，即便暂时没有体现出自己的优势，时间能证明一切。我相信，有了正确的观念作基础，工作中不论遇到任何困难都能挺过去。

别成为钱的奴隶

金钱能够给予我富足的生活，我不否认自己有追求金钱的期望。可是，我排斥那些为了金钱不顾一切的行为，我要光明正大地挣钱，而且我不认为自己工作的唯一目的就是金钱，所以，我不想成为金钱的奴隶。

升迁，不仅是指薪水的增加，还有更多积极的意义。能力的提升和人格的完善都可以称之为升迁。现在，很多企业都非常看重员工的人格，每一个人都愿意和人格完善的人打交道。

我不愿意让自己成为那种只为了争取加薪而不顾一切的人，那样，损害了自己的健康，心情的大起大落也使得人的心灵受到伤害。况且，往往努力追求的却难以得到，何必让自己陷入金钱设下的陷阱。学会让自己升迁很重要，正确看待升迁的实质也很重要。

同事小米看报时，读到一则笑话，很有哲理：

有一个财主，家里很有钱，他非常看重金钱，好比那葛朗台一样。

有一次，财主很不幸牵涉到一个案件中，他被差役抓到衙门审问。县太爷本来想到了用罚钱来惩罚财主，可是他担心别人认为他收受了贿赂，为了证明自己是一个清官，提出了三种惩罚方式让财主选择。

第一种是罚50两银子，第二种是让差役打50皮鞭，第三种是生吃5斤大蒜。

县太爷认为财主那么有钱，必然会选择主动罚钱。

吝啬的财主想：“既然有不用挨打，又不用罚钱的方式，我当然选择吃大蒜喽。”他还暗自高兴，县太爷真不错，还能让我自己选择。于是，财主选择了第三种惩罚方式。

在众人围观下，财主开始吃大蒜。刚开始，财主很高兴。可是，越吃越感到难受，吃完两斤时，财主觉得自己的五脏六腑都在翻腾，眼里都开始流泪。他喊道：“我不吃了，还是打我50鞭子吧。”

差役把财主按在板凳上，挥鞭打向财主，财主大嚎起来。打了10下之后，财主实在坚持不下去了，他痛苦地喊道：“快别打了，我出50两银子。”

大家听了都哈哈大笑，把金钱看得太重，就会做出一些愚蠢之事，不仅被人笑话，自己也深受其害。

想来，金钱是需要追求的，但切忌不能让金钱主宰自己，否则就成了金钱的奴隶。琦金国际已经给了我不错的待遇，但是，物质的世界充满了诱惑，我渴望富足的生活。尽管我不能对各种各样的消费视而不见，但是，我的头脑是清晰的，我要光明正大的争取利益，如果过分急躁，很容易走上极端。经验需要积累，知识需要积累，财富也是需要积累的，没有一个过程，怎能飘满院的花香。

所以，挣钱不是唯一的目的。不谈钱是虚伪的，但过分地看重也是庸俗的。“小超人”李泽楷劝勉青年人在选择工作时不要太着眼于物质回报，更应该讲求个人兴趣和理想，他说：“当然要讲求实际生活需要，但只顾想着赚回来的金钱何时才可以买车买楼的话，只会成为金钱的奴隶。”

李泽楷回想起刚建立卫星电视初期，很多人都质疑他的计划是否能赚钱，可是，当时的他对风险和金钱回报没有看得太重，只有这样，他才取得了成功。从自身经验和切身体会，他始终相信，想要有些成绩，在决定做事时，就不能单纯地从物质的角度来衡量，还要考虑到其他因素，是否能够发挥自己的能力、是否有意义等，这样去想，即使失败，也会在失落中得到尊重。

其实，真正能够做出成绩的人，就是不把金钱放在第一位的人。只有追求个人职责的大小，才能适应不断变化的社会，这也是为未来做的一种准备。钱虽然不是万能的，但没钱却是万万不能的，太过看重金钱会成为“钱的奴隶”，但太忽视金钱又会变成“不食人间烟火”的人。择业和工作都应该有着自己明确的目标，为薪水工作，但不是单纯只为薪水才工作。如果过分看重工作所带来的金钱，必然就会失去很多机会。

我是一个年轻人，毕竟有着生活的压力，有着对物质的需求和渴望，可是，我不会忘了时刻提醒自己，不能急功近利，不能目光短浅。这样我才能竭尽全力地去完成领导交待的每一项任务。因为这样的心态才是健康的，这样的工作态度才能把工作做好，这样的生活才是充实的。

行动与思考：

1. 假如你现在失去了工作的动力，是因为你没有一个目标。立刻给自己制定一个可行的计划吧。

____

2. 假如你有明确的目标，那么，你不优秀的原因就是因为你不去执行自己的计划。

____

3. 多读一些修生养性的读物，净化自己的心灵，因为除了金钱，我们还要追求富足的精神生活。

____

4. 当你感到这个世界不公平时，不妨去了解成功人士的经历，你会发现人家成功也并不轻松。

____

第七章
改变自己

第一节 相信自己

置身于比自己更加出色的人群中，心中总会闪现一丝奇怪的情绪，我知道这是自己的虚荣心在作怪，但是，很快地，我冷静地抑制住了稍有的嫉妒，因为嫉妒是魔鬼，它是毁灭心灵的毒药，更是打击自信的榔头。

自己就是宝藏

我不能回避这个问题，嫉妒是一种性格缺陷，可是它却真实地存在着。我知道不仅是我有，其他人也存在着。但是，一个想要完善自己的人，不能够放任自己性格中的缺陷。

嫉妒比羡慕高了一个层次，也可以说它们并不是一个级别。有的人嫉妒是因为先羡慕后嫉妒，有的人则直接跨越了羡慕，只要比自己好的，他都要嫉妒。

任何事物都怕比，嫉妒也一样，因为有了比较，所以才妒火中烧。我正是因为有了比较，才知道嫉妒的人是可悲的，也是可笑的。嫉妒就像是魔鬼一样，它吞噬了人们的心灵，嫉妒的人眼里的光亮是可怕的，它有着一股杀气、怨气。我不愿意成为那样的人，太可怕。

不论什么时候，当看到别人因为妒火中烧而大肆作怪时，我就会发现原来这种心理居然那么可怕，它足可以毁灭一个人。所以，只要心理有了异动，我就及时地提醒自己，千万不要放任自己，因为这是错误的，更是可悲的。

听说过这样一个故事：

有一个青年人，每天怨声载道，因为他认为自己的生活不幸福，他认为别人过得比他好。看看周围的人，他总能比较出优劣。在他眼里，别人生活得既无忧无虑又光鲜生动，而他自己，则是苦不堪言，终日愁眉不展。

这种状况被一个鹤发童颜的老人点醒。

老人问他："为何如此愁眉不展呢？"

他说："我周围的人都过得比我好，他们有的我都没有。"

老人由衷地说："难道真是这样？"他更加无奈地点点头。

老人问他："假如用一千元换你一根手指头，你肯吗？"

他毫不犹豫地说："当然不愿意。"

老人问："假如用一万元换你一只手，你愿意吗？"

他肯定地说："不愿意。"

老人接着问："假如给你100万，条件是立刻把你变成一个80岁老翁，你愿意吗？"

他果断地说："不愿意。"

老人又问："假如给你1000万，但是你要付出生命，你可否答应？"

他依然果断地说："不答应。"

老人满脸笑容地说："这就是了，你其实很富有，不是吗？你自身难道不是已经超过1000万。"

就是这几个假设，让青年人如释重负一般，他知道，别人没有什么可羡慕的，自己其实就是一座宝藏。是的，的确是这样。没有必要去羡慕别人身上比自己好的地方，因为你羡慕别人的同时，同样也有别人羡慕自己。

嫉妒的人是敏感的、易怒的，也极容易产生自卑和自责。这些现象都是嫉妒的表现形式。如果分析优点，我认为嫉妒没有优点。虽然说嫉妒有些时候能起到些许的激励作用，因为想要和他人争个高下，所以，有股“拧”劲促使自己去奋斗。可是，就其原因，这种激励法很不健康，也不能长久。人之所以要奋斗并不是为了要和别人攀比，只是想让自己过得更富足些、更充实些、更有价值些。如果要以攀比来赢得所谓的心理平衡和幸福，这样的心理绝对是不健康的，更甚会产生严重的心理畸形。

今天，我在一本杂志上看见一句话：幸福是一种比较。

我不认同这句话，如果幸福是一种比较的话，人将永远不会得到幸福。因为比较永没有一个最终的对象和目标。

在不是“平均分配”的社会形态下，很容易产生心理落差。这种心理并不卑下，但是卑下的是知道不好却不去抑制住它，让这种性格缺陷无休止地放大和蔓延，最后这种怒火将会烧坏周围的人，当然更把自己烧得体无完肤。

看着身边的人们一天天地比自己优越，可能免不了会心生羡慕。如果过度地羡慕别人，习惯性地将自己所做的贡献和处境与一个和自己条件相当的人进行比较，就会耿耿于怀，产生心理失衡。

选择放松心情并不是说不对自己严格要求，我要严格要求自己，并不是苛求。事实上每个人都有令人羡慕的东西，也有自己缺憾的东西，没有一个人能拥有世界的全部。重要的在于自己的内心感觉。

所以，我骄傲地说：我能主宰自己，因为我不仅知道发挥出自己的优势，我还知道抵制住那些由于不完善的性格因素而引起的情绪。

留住自己的沉香

有一位富翁，财产无数。可是，眼看自己一天天衰老，儿子却没有什么气候，这让他担心万分。他担心自己给儿子留下的财富不能让儿子幸福，反而会坐吃山空，而且还遭来厄运。

富翁想办法改变儿子。为了让儿子奋发图强，使他有自我奋斗的精神，他给儿子讲述了自己白手起家的经历。

富翁的话起到了作用，儿子听后受到启发，他决定要自己奋斗，像父亲一样独自创造财富，靠自己的力量打拼出一份家业。

自己创业的道路确实是艰辛的。不过，跋山涉水，几经周折后，他在热带雨林里发现了一种散发出浓郁香味的树木，而且这种树木放在水中不会浮在水面，这和其他树木很不一样。他想：这么奇特的树木必然很稀有，肯定是宝物，如果出售，价钱肯定很高。当他满怀希望地把香木运到市场上卖时，却无人问津，这让他失落万分。可是，市场上的木炭却供不应求。起初，他坚持自己的判断，他知道香木一定能卖个好价钱。可是，时间一天天过去，木炭的销量还是非常好，他开始动摇了，他决定把他的香木烧成木炭来买。

事情果然如他所料，烧成的木炭很快就卖完了，他非常高兴，心想自己还是很有眼光的。等他迫不及待地跑回家告诉父亲这个好消息时，父亲没有想象中高兴，反而老泪纵横。

事实上，儿子找到的香木确实是稀罕之物，是这个世界上最珍贵的树木沉香，只要切下一块磨成粉，价值就超过一车的木炭。

懂得守住自己的沉香，经得住诱惑的人才能有出息。如果总是羡慕他人的得意而摇摆不定，就像故事中的儿子一样，放弃了自己最宝贵的东西。

看完这个故事后，我在感到惋惜之余不免想到，做人又何尝不是这个道理呢？与其羡慕别人的种种优势，不如守住自己的沉香。

有位哲人曾说过："只看到别人的优越而看不到自己的优势是懦夫的行为，好像拿着一只金碗眼巴巴地望着人家锅里的粥一样。"这句话乍一听不好理解，但细细品味，却也有它的道理。所以，不要把生命浪费在对别人的过度羡慕上，羡慕必然会导致自己急功近利，从而放弃了最为宝贵的东西。

一味地羡慕别人拥有的，就容易对自己失去信心，不愿去坚守属于自己的优点。这是动摇心智的表现，找准自己的位置很重要，守住自己的沉香更加重要。尘世的每一个人都有属于自己的"沉香"。但世人往往不懂得它的珍贵，反而对别人手中的木炭羡慕不已，最后只能让世俗的尘埃蒙蔽了自己智慧的双眼，到头来悔之晚矣。

其实，这种事例频频出现在自己周围。有的人本应该有着美好的前途，只因为羡慕他人拥有的一切而舍弃自己。有的人舍弃了道德，有的人舍弃了自身的优势，殊不知，后悔是没有用的。玫瑰就是玫瑰，百合就是百合，只能看，不能比较。它们有着各自的特点，假如一定要生硬地去做比较和改变，最后只能是玫瑰不像玫瑰，百合不像百合。

爱默生写过一篇著名的散文《说自信》，他在文中写道："在每一个人的教育过程之中，他一定会在某时期发现，不论好坏，他必须保持本色。虽然广大的宇宙之间充满了好的东西，可是除非耕作那一块给他耕作的土地，否则他绝得不到好的收成。他所有的能力是自然界的一种新能力，除了他之外，没有人知道他能做出什么和知道些什么，而这都是他必须去尝试求取的。”

从一开始，我就感觉到一种压力，置身于比自己更加出色的人群中，怎能没有压力。至于羡慕也是有的。老林出色的工作表现我看在眼里，羡慕在心里。我想成为一个像老林那样出色的法律工作者，我想成为琦金国际一名出色的人才。这些目的有时候让我沉醉，我想要赢得自己的位置。但是，当这一切又好像是那样遥远时，我也会失落。我知道，这时候，就是提高警惕的时候了，没有必要去羡慕他人，自己有着别人所不具备的优势。我对待工作认真、主动、好学，我有着职业人士身上最优秀的品质。完全没有必要去伤感，只要尽力了，不怕没有收获；只要尽力了，不怕不能实现目标；只要尽力了，就不会后悔。正是因为这一点，我突破了自己心中的“顽石”，我有能力去赢得职场，又何必去羡慕他人呢？

临渊羡鱼，不如退而结网

古人云：“临渊羡鱼，不如退而结网。”这里还有一个典故：

一条河里有很多鱼，看起来非常鲜嫩可口。有一个年轻人看见这群鱼时，羡慕得不得了。他守在河边“望鱼兴叹”。老人看见这个年轻人天天守在这里，就对他说：“你天天在这里看着这些鱼，不如回去织一张网来捞这些鱼。”

那人听了老人的话，便回家织网。于是，他用织好的网捞到那些鲜美的鱼。

是的，任何羡慕都是不管用的，工作中羡慕他人的成就只能加重自己的心理负担，起不到什么作用不说，还使得心理变得敏感、脆弱。与其羡慕，不如踏踏实实努力，这才是最为有用的。在目的与手段之间，有明确的目的固然重要，但如果没有实现这一目的的必要手段，目的将是空幻而不切实际的。

一般情况下，穷人羡慕富人，士兵羡慕将军，丑女羡慕美人，失败者羡慕成功者，打工仔羡慕老板，名落孙山者羡慕金榜题名者。这些现象看起来很正常，每个人都想着往高处走。羡慕的原因都是相似的，羡慕的对象却各有不同。可是，羡慕有用吗？没有用。

有着美好的理想，就应该为了实现它而孜孜不倦，不懈地努力和奋斗，仅仅有着口头上的言语是不够的。如果常常沉浸在一些不切实际的幻想中，不付诸行动是不可取的。《汉书·董仲舒传》中说："故汉得天下以来，常欲治而至今不可善治者，失之于当更化而不更化也。古人有言曰：'临渊羡鱼，不如退而结网。'"意思就是汉朝希望国家能得到很好的治理，却没有达到这个目的，原因在于"当更化而不更化"，也就是没有在观念上、制度上做出必要的改革和调整，于是他借"临渊羡鱼，不如退而结网"这句古训，来告诫统治者，要治理好国家，必须抓住观念、制度这个根本。

其实，这句话中，"退"字最为重要，含义颇多。在我看来，我还要把它理解为另一个意思：不要盲目地去羡慕美好的事物，当然更不能盲从，要切住要害，自己有着最为自主的分析能力。

我还想到了美国巨富、世界旅馆大王威尔逊的故事：

威尔逊刚开始创业时，他的全部家当是一台价值50美元的爆米花机，并且这是他分期付款"赊"来的。直到第二次世界大战结束后，威尔逊有了一定的积累，他开始做起土地的生意。战后，大部分人都很穷，买地盖房用于居住、经商的人并不多，从事这种生意的人也不多，土地也就很便宜。当时，威尔逊的朋友都不看好这种生意，他们把钱投入其他产业，并且有了丰厚的回报。威尔逊虽然希望自己能有收获，但他并没有头脑发热，盲从于他人，他看得更加长远。他坚信美国作为第二次世界大战的战胜国，经济会很快腾飞，土地就能快速上涨，这肯定毫无疑问。

认定这么做的威尔逊用自己全部的资金和一部分贷款买下了市郊一块很大却没有人要的土地。因为这块地地势低洼，不适合耕种，也不适合盖房子，所以，没有人对这块地感兴趣，威尔逊就以很低的价格买到它。尽管身边所有人都反对，可是他确信美国经济很快就会繁荣，城市人口会越来越多，市区也将会不断扩大，买下的这块地一定会有巨大的升值潜力。

三年之后，这块地果然升值了。正如威尔逊所料，城市人口增加，市区迅速向郊区扩大，威尔逊的那块地旁修了宽阔的马路。这时，人们开始关注起这块地，发现这里风景很好，宽阔的密西西比河从它旁边蜿蜒流过，大河两岸，杨柳成荫，非常适合人们消夏避暑。于是，这块地的价格飞涨，许多商人都竞相高价购买，但威尔逊并没有急于出手，而是自己在这块地皮上盖起了一座汽车旅馆，命名为“假日旅馆”。

威尔逊的假日旅馆由于地理位置好，舒适、方便，并且风景优美，开业不久便游客盈门，生意异常兴隆。从那以后，威尔逊的假日旅馆便像雨后春笋般出现在美国及世界其他地方。

其实，这正是“临渊羡鱼，不如退而结网”最好的证明。威尔逊当时没有足够的资金做其他生意，他退而选择了成本比较低的一个生意来做，当然，他的成功和他有着长远的目标是分不开的。

我在工作中也应该持有这样一种态度，做任何事情都要结合自己的实际能力以及对事态的预见。不论是生活还是工作，里面确实有很多哲理值得学习。我又进步了！

行动与思考：

1. 人有缺陷是正常的，关键是要学会完善自己。

2. 想要厚积薄发，就应该从手里的事做起，好高骛远不现实。

3. 不能盲目羡慕他人，否则情绪会激化、加深，最后越走越窄。

4. 给自己量身定制一个达成目标的可行性方案。

第二节 我一定行

困难有时候并没有想象中那么可怕，胆怯了，不要紧，但一定要说服自己尝试一下，大不了就是失败而已，打倒了再起来。

做一个有竞争力的人

如何才有竞争力，那要去尝试啊！不去积极地尝试，怎么知道自己不能胜任。行动往往就是决定梦想能否实现的关键因素，当然了，机遇也就蕴藏在行动之中。

总听见有人抱怨没有机会成功，但却不懂得去尝试、去争取。竞争力也是自己多次尝试中能力的提升。

美国一项调查表明，多个大公司的CEO都喜欢那些主动要求做某项工作、主动尝试挑战的员工。不论是否做好，他们身上表现出来的自信、勇气都是值得称赞的，而且能在尝试中学到更多的经验。

屠格涅夫说："等待的方法有两种，一种是什么事也不做的空等，另一种是一边等一边把事情向前推动。"很多人在尝试上表现出了完全不同的两种行动。一种是觉得做不了或不喜欢做就不去尝试，另一种则是不断地尝试做不同的事情，这样才能发现自己的潜能所在。的确如此，我应该以屠格涅夫的这句话作为自己行动的准则。与其推托事情，不如把事情揽在怀里，尝试一下再说。

很多时候，经常听到身边有人这样说："不行，这件事情我不会做，我也做不好。"其实，去尝试一下不是更好。当然了，做事情还是需要有方法的，不能盲目的、胡乱的、不顾后果地去碰。

牛津大学是众多学生都向往的大学，可是，进入这所学校绝非易事。该校的材料系主任就曾经向中国学生发出过这样的邀请："进牛津是不容易的，但也不是不能做到的，如果勇于尝试，就有机会被录取。"

教授还说："首先，进入牛津大学的学生必须有很高的分数。比如，材料学专业学生的数学、物理成绩比较高。另一方面，打算进入牛津大学学习的学生，个人素质必须过硬，学生不仅能重复书本上的知识，还要有很强的科研能力、独立思考能力，并能够质疑他们接受的知识。此外，学生还要具有持之以恒、不达目的不罢休的精神，只有这样，才能成为领袖人物。"

"尝试"、"持之以恒"这两个词语在我看来就是最好的一种机会。是的，天赋是不由自己来控制的，可是我可以尝试，我能够坚持，这是所有人都能够做得到的。

工作中，有的任务可能是被动的，有的任务可能是主动的，但是，不论怎样，都要勇于去尝试。

法国的科学家法伯和美国康奈尔大学的威克教授就做过两个实验。

法伯的实验是这样的：他在花盆边缘放了一圈首尾相接的毛毛虫，同时，在离花盆6英尺的地方放了一卷毛毛虫最爱吃的松针。毛毛虫们围着圈绕起来，一圈又一圈，因为毛毛虫天生喜欢"跟随"，一只跟着一只，假如没有一只毛毛虫与众不同，选择其他方向，那么它们只会沿着固有的圈圈转。结果正是这样，它们转了七天七夜，全部饿死了。

威克教授的实验是这样的：桌子上放着一只瓶子，他在瓶子底部打上了光亮，瓶口是敞开的，他先放进了几只蜜蜂。蜜蜂只知道沿着光亮的地方飞，结果撞在瓶壁上出不去。但是，一次次的飞向瓶底，却不尝试着往瓶口飞一次，哪怕一次，就能出去。当它们发现瓶底再也飞不出去的时候，只好奄奄一息地停在瓶底。威克把蜜蜂倒出来，然后把瓶子像原来一样放好，这次他放进去几只苍蝇，刚开始，苍蝇也是朝着有光亮的地方飞，当它们发现飞不出去后，就往各个方向撞，没有多久，几只苍蝇都从瓶口飞了出来。

的确，胜利者遭受的失败或所犯的错误并不比其他人少，只是他们能勇于尝试。要想在职场中稳步发展，就必须具备竞争力，而竞争力有着很多的定义和标准，我认为勇于尝试也是一种竞争力。这种竞争力并不比智商或能力逊色。

我在琦金国际工作，我察觉到要想在众多人中脱颖而出并不是容易的事，但绝非不可能，就像进入牛津大学学习很难，但不是不可能。尽管周围的人们都很出色，尽管进入自己梦想的圈子并不容易，但我不会放弃去一次次尝试，只要有机会，我一定要给自己打足勇气，我要让勇气成为我的信条。

管理自己

心理学家研究过，每个人每天都会产生五万个想法。我认为，这么多想法中如果积极和自信的想法占绝多数的话，人就是积极的，反之人则会是消极的。

我想，我有过那么多想法吗？确实没有统计，也没有办法来统计，但我知道，我应该怎样使自己自信和积极。

记得2006年7月，新经济基金会公布了最新的“地球快乐指数”，我听到这个调查时，不禁觉得好奇，现在媒体们公布的大都是诸如“财富排行榜”一类的调查，“快乐指数”的确不是很多见，但是，出乎意料的是，这项指数引起了众多人的关注，为何关注的人那么多，从我自己来说，因为“快乐”在生活中逐渐在减少，可是我却喜爱这种感觉。

这项调查更加引人注意的是，被评为世界上最快乐的国家是位于南太平洋的袖珍岛国瓦努阿图，然而，地球上最发达的8个国家却没有能排进前50名。

当得知自己的国家被评为“世界上最快乐的国家”之后，有媒体这样发表文章：“我们这里的居民确实很快乐，因为他们很容易满足。瓦努阿图不是一个消费型国家，但这里的人民关心他们的家庭和社区，人们生活得无忧无虑。”

我产生一种冲动，一种想要去那里走走的冲动。我为什么会产生这样的冲动呢？因为我渴望自己快乐，渴望自己生活的环境是快乐、融洽的。

从那一刻起，我就对自己说，我要学会管理自己，而且还要影响着身边的环境。因为：只有自己快乐了，才会把溢出来的快乐让周围的人感知到。我想要做一个这样的人。我要为了这样的一个目标而努力。

所以，当我遇到了障碍，习惯性地哀声叹气时，我提醒自己，我不能把我的坏情绪带给身边的人，因为他们听到叹气时，也会感到莫名的不快。我懂得这样的感觉，于是，我开始一天天改变，这种改变刚开始是刻意的，后来就成了习惯，直到现在我发现自己确实比以前乐观了很多，开朗了很多。我暗自为了这样的改变偷偷乐儿，我成功了。的确，当我发现身边的人都感受到自己的快乐时，我的确感到骄傲。

著名的管理学家彼得·德鲁克曾指出："未来的历史学家会说，这个世纪最重要的事情不是技术或网络的革新，而是人类生存状态的重大改变。在这个世纪里，人们将拥有更多的选择，他们必须积极地管理自己。"所以，那些积极主动、充满热情、灵活自信的人才就是优秀企业需要的人才。

管理自己的情绪。是的，没有人能帮助自己解决这个问题，除了自己。

行动与思考：

1. 积极的心态有助于个人的发展，以自我提问的方式问问自己思想的走向，并且坚持下去。

____

2. 某些时候，每个人都会有着不自信和消极的一面，关键是这种情绪会停留多久。停留过长，必然就会引发不良影响，所以，还是一旦这种情绪产生，就尽快把它挥散。

____

3. 假如你现在不是处于最佳、最积极的心态，那么，不妨一点点地改变自己，只要坚持，将会产生巨大的改变。

____

4. 不要把坏情绪反复地带到工作和生活中，如果这样，你的生活和工作都不会顺利。

____